国家绿色矿山环境保护与高质量发展丛书

非金属砂石矿行业
绿色建设与节能环保技术应用

崔文龙　李军洋　陈亚飞　主　编
李艳兵　张　杰　王　广　副主编

中国环境出版集团·北京

图书在版编目（CIP）数据

非金属砂石矿行业绿色建设与节能环保技术应用/崔文龙，李军洋，陈亚飞主编. —北京：中国环境出版集团，2022.12
（国家绿色矿山环境保护与高质量发展丛书）
ISBN 978-7-5111-4976-3

Ⅰ. ①非… Ⅱ. ①崔… ②李… ③陈… Ⅲ. ①砂—非金属矿—矿山建设—无污染技术—研究—中国②砂—非金属矿—矿山建设—节能—研究—中国 Ⅳ. ①X754

中国版本图书馆 CIP 数据核字（2021）第 252923 号

出 版 人 武德凯
责任编辑 孟亚莉
文字编辑 谭嫣辞
封面设计 宋 瑞

出版发行 中国环境出版集团
（100062 北京市东城区广渠门内大街 16 号）
网　　址：http://www.cesp.com.cn
电子邮箱：bjgl@cesp.com.cn
联系电话：010-67112765（编辑管理部）
010-67112735（第一分社）
发行热线：010-67125803，010-67113405（传真）

印　　刷 北京建宏印刷有限公司
经　　销 各地新华书店
版　　次 2022 年 12 月第 1 版
印　　次 2022 年 12 月第 1 次印刷
开　　本 880×1230 1/16
印　　张 12
字　　数 243 千字
定　　价 60.00 元

专家委员会

首席顾问

曲格平

首任全国人大环境与资源保护委员会主任委员、首任国家环保局局长、中华环境保护基金会创始人、国际生态经济协会名誉会长

专家组组长

郝吉明

中国工程院院士、长江学者

国际生态经济协会会长

生态环境部环境影响评价专家组组长

清华大学环境科学与工程研究院院长

彭苏萍

中国工程院院士、长江学者

中国矿业大学地质与地球物理所所长

煤炭资源与安全开采国家重点实验室主任

国际生态经济协会绿色矿山环保专业委员会主任委员

专　家

唐孝炎　中国工程院资深院士、国家环境咨询委员会委员、国际生态经济协会首席顾问
杜祥琬　中国工程院院士、中国工程院原副院长、国际生态经济协会首席顾问
王金南　中国工程院院士、全国人大环境与资源保护委员会委员、生态环境部环境规划院院长
陈　勇　中国工程院院士、广东省科学技术协会主席
侯立安　中国工程院院士、火箭军后勤科学技术研究所所长
吴志强　中国工程院院士、同济大学副校长
徐祖信　中国工程院院士、国际生态经济协会绿色矿山环保专业委员会副主任委员
倪晋仁　中国科学院院士、北京大学教授
张洪涛　国务院参事、原国土资源部总工程师
蒋明麟　国务院参事室原副主任、原国家建材局副局长
赵华林　国务院国有资产监督管理委员会副部长级干部
汪纪戎　全国人大环境与资源保护委员会原副主任委员、原国家环境保护总局副局长
翟　勇　全国人大环境与资源保护委员会法案室主任
刘建兴　国家发展和改革委员会国际合作中心副主任
马　荣　国家发展和改革委员会资源节约和环境保护司副司长
周长益　工业和信息化部原材料工业司、节能与综合利用司原司长
胡华龙　生态环境部固体废物与化学品管理技术中心副主任
王　峰　自然资源部咨询研究中心地质矿产所所长
李　迅　住房和城乡建设部中国城市规划设计研究院副院长
冯银厂　南开大学环境科学与工程学院副院长、生态环境部环保模范城市专家组组长
朱法华　国电环境保护研究院院长
王　俊　中国航天科工集团第三研究院三零四所所长
毕银丽　中国矿业大学（北京）矿区生态修复教授
陈家珑　北京建筑大学教授
明柱亮　中国工商银行金融租赁公司监事长
冯　波　中铁十一局集团公司高级爆破专家

本书编委会

主　编

崔文龙　李军洋　陈亚飞

副主编

李艳兵　张　杰　王　广

委　员

曹芳智　张春燕　隋国舜　肖童超　郭呈宇　马　蕊　陆淼淼

序

2017 年，党的十九大明确提出转向高质量发展阶段，2018 年国务院政府工作报告指出按照高质量发展的要求，统筹推进“五位一体”总体布局和协调推进“四个全面”战略布局。为推进我国非金属砂石矿行业的环境保护与高质量发展同步提升，国际生态经济协会牵头组织专家起草完成“国家绿色矿山环境保护与高质量发展丛书”，我大力支持这一举措。促进我国传统砂石矿企业环境保护工作标准化，实现节能减排和清洁生产，推动高质量向绿色低碳转型发展，特别是加强指导和推动建设一批高质量发展的国家级绿色矿山示范性企业，是非常必要的，也是有现实紧迫性的。环境保护与高质量发展，对于我国自然资源的合理开发和利用，是首要的任务，也是我们共同努力要实现的目标。

前言

党的十八大以来，以习近平同志为核心的党中央提出了“创新、协调、绿色、开放、共享”的新发展理念。党的十九大首次提出了“高质量发展”的新表述，表明中国经济由高速增长阶段转向高质量发展阶段，我国经济发展也进入了新时代。在此大背景下，作为国家基础设施建设不可或缺的砂石行业，坚持绿色、环保、节能、高效的高质量发展模式，是适应经济发展新常态的主动选择，是贯彻新发展理念的根本体现，是实现企业可持续发展的必由之路。

近年来，我国砂石行业发展迅速，规模不断扩大，结构逐步优化，创新、绿色和可持续发展能力显著增强，对国家经济建设和社会发展发挥了积极作用，但在环保、节能、高效利用方面仍然存在一些突出问题。为推动砂石行业的高质量发展，提高砂石行业的绿色发展水平和技术人员的业务素质，国际生态经济协会组织编写了“国家绿色矿山环境保护与高质量发展丛书”，《非金属砂石矿行业绿色建设与节能环保技术应用》是该丛书之一。该书对我国砂石行业发展的现状进行了概括性总结，针对非金属砂石矿的规划、勘查、开采、生产、运输、储存、复垦等全产业链，结合我国行业发展实际，提出了一系列绿色开发、节能减排和生态保护的指导思想、管理制度、技术措施，对我国非金属砂石矿行业的高质量发展具有现实和长远的指导意义。

《非金属砂石矿行业绿色建设与节能环保技术应用》共分为八章，介绍了砂石行业概况、行业发展现状、存在的问题以及行业发展趋势；提出了高质量发展坚持的原则和导向，列举了高质量发展的典型案例；介绍了绿色勘查技术以及绿色勘查措施；概括了绿色矿山建设技术要点和申报流程；概述了砂石骨料生产工艺与绿色工厂建设及评价；阐述了砂石行业节能与能源高效利用和节能降耗的措施；总结了砂石行业污染治理方法、生态环境保护措施以及砂石矿山的生态修复技术等内容。

本书主要由中建材资源环境有限公司的技术人员编写完成：

第 1 章作者为李艳兵、王广、陆淼淼；

第 2 章作者为崔文龙、张春燕；

第 3 章作者为隋国舜、王广；

第 4 章作者为王广、李艳兵、马蕊；

第 5 章作者为张春燕、王广；

第 6 章作者为王广、曹芳智、郭呈宇；

第 7 章作者为张杰、肖童超；

第 8 章作者为崔文龙、李艳兵。

本书由崔文龙担任第一主编并对全书进行审定，李军洋、陈亚飞担任第二、第三主编对本书框架、章节进行设计，李艳兵、张杰、王广担任副主编，李艳兵、张杰负责技术审核，王广负责统稿。

本书在编写过程中，部分内容转载自网络引用了有关文献和资料，在此向相关作者致以诚挚的谢意！

本书在编写过程中，得到了国务院参事室原副主任、原国家建材局副局长蒋明麟，全国人大环境与资源保护委员会法案室主任翟勇，工业与信息化部原材料工业司、节能与综合利用司原司长周长益，国家发展和改革委员会资源节约和环境保护司副司长马荣等领导和专家的指导和帮助，在此表示衷心的感谢！

由于非金属砂石矿行业统计数据偏少，且近年来行业发展迅速，加之编者水平有限，书中难免存在疏漏之处，敬请读者谅解和指正。

编　者

2020 年 9 月

目录

第 1 章　砂石行业概况

砂石，也称砂石骨料，是重要的非金属矿产之一，也是建筑、公路、铁路、桥梁、水利工程、核电站工程、机场、码头等基础设施建设中用量最大、不可或缺、不可替代的基础材料。

砂石行业是在对砂石资源开发利用的基础上发展起来的古老又现代的行业，称其古老，是因为早在公元前 10 世纪，古希腊奥林匹亚人就用爱琴海中的胶凝物和天然砂石建造建筑；称其现代，是因为砂石行业已经从传统的粗放型向规模化、工业化、绿色化发展，从传统的主要利用天然砂石向机制砂石发展，且大型机制砂石生产和供应基地建设成为主要发展方向和趋势。

1.1　砂石的分类及来源

1.1.1　砂石的分类

砂石包括砂和石，砂也称细骨料，石也称粗骨料。根据《建设用砂》(GB/T 14684—2022)，建筑用砂分为天然砂和机制砂：

天然砂：自然生成的，经人工开采和筛分的粒径小于 4.75 mm 的岩石颗粒，包括河砂、湖砂、山砂、淡化海砂，但不包括软质、风化的岩石颗粒。

机制砂：经除土处理，由机械破碎、筛分制成的，粒径小于 4.75 mm 的岩石、矿山尾矿或工业废渣颗粒，但不包括软质、风化的岩石颗粒，俗称人工砂。

砂按细度模数分为粗、中、细和特细四种规格，粗砂细度模数为 3.7～3.1；中砂细度模数为 3.0～2.3；细砂细度模数为 2.2～1.6；特细砂细度模数为 1.5～0.7。细度模数越大，表示砂越粗，普通混凝土用砂的细度模数为 3.7～1.6，以中砂居多。

根据《建设用卵石、碎石》(GB/T 14685—2022)，建筑用石分为卵石和碎石：

卵石：由自然风化、水流搬运和分选、堆积而成的、粒径大于 4.75 mm 的岩石颗粒。

碎石：天然岩石或卵石经机械破碎、筛分制成的，粒径大于 4.75 mm 的岩石颗粒。

目前，碎石也称机制碎石，而且其原料也可以是工业废渣或废石、尾矿等。碎石的粒度根据用途不同而不同，一般分为 4.75～10 mm、10～20 mm、20～25 mm、25～40 mm 等规格。

1.1.2 砂石资源的来源

天然砂石的成分主要是石英、长石，来源于产出地周围天然岩石的风化或河流上游露出岩石的风化、搬运和沉积。随着建筑、道路、桥梁和基础建设用量的增大，以及天然砂石资源的减少和保护环境、限制开采等因素，近年来以开采矿山作为机制砂石的主要来源。常用于制作机制砂石的矿种有岩浆岩、沉积岩、变质岩三大类。岩浆岩主要有玄武岩、安山岩、粗面岩、流纹岩、花岗岩、正长岩、闪长岩、辉长岩、橄榄岩；沉积岩主要有砾岩、砂岩、粉砂岩、石灰岩、白云岩；变质岩主要有大理岩、石英岩、片麻岩、角页岩、蛇纹岩。另外，建筑垃圾、尾矿、工业炉渣等也可用来制造机制砂石。

1.2 砂石行业发展历程

砂石行业随着水泥行业的出现而出现，1824 年水泥被发明和使用后，人们开始用天然砂石和水泥来制造巨大的人工石，1900 年以后开始用混凝土来铺设路面，这使得修建建筑和道路变得十分容易，而且建设工期变得很短。此后，天然砂石开始大量使用。

对于中国而言，过去几十年里砂石行业以传统的粗放式发展为主，近年来逐渐转为工业化大规模生产。中国砂石行业的发展可归纳为四个重要阶段。

1.2.1 起步阶段（1949—1977 年）

这一阶段砂石骨料需求量小，供应充足。所用砂石多为天然砂石，以人工开采为主，设备简单，行业发展缓慢。

1.2.2 机械化开采阶段（1978—2010 年）

这一阶段的市场需求量大，天然砂石资源储量已显不足。机制砂石发展开始起步，市场供应以天然砂石为主，机制砂石为辅，行业仍为粗放式发展。

1.2.3　转型升级阶段（2011—2016 年）

这一阶段以机制砂石为主，以天然砂石为辅。砂石市场需求量大，部分地区天然砂石资源枯竭，供应紧张。机制砂石快速发展，行业政策、技术标准规范等陆续出台或推出，市场得到了一定程度的规范；市场逐步细分，高性能、耐久性砂石骨料的比重不断增加，环境保护得到了一定程度的重视。

1.2.4　绿色发展阶段（2017 年至今）

这一阶段以 2017 年国土资源部等部门联合发布的《关于加快建设绿色矿山的实施意见》（国土资规〔2017〕4 号）为契机，全国各地开始了绿色矿山建设的高潮，砂石行业对照《砂石行业绿色矿山建设规范》（DZ/T 0316—2018）的要求，在进一步集约化、规模化的基础上，加快产业结构调整和技术升级，将资源节约利用和生态环境保护纳入了行业发展的主基调。

1.3　砂石行业发展现状

1.3.1　行业规模巨大

据中国砂石协会统计，我国砂石产量从 1981 年的不足 5 亿 t 增长到 2018 年的 200 多亿 t（图 1-1），砂石行业为国家基础设施建设作出了重要贡献。中国砂石骨料是目前开采量最大的矿产资源，约占世界砂石骨料年产销总量的 1/2，年直接产值 1 万多亿元，相关运输带来的产值 3 000 多亿元，是一个庞大的产业。

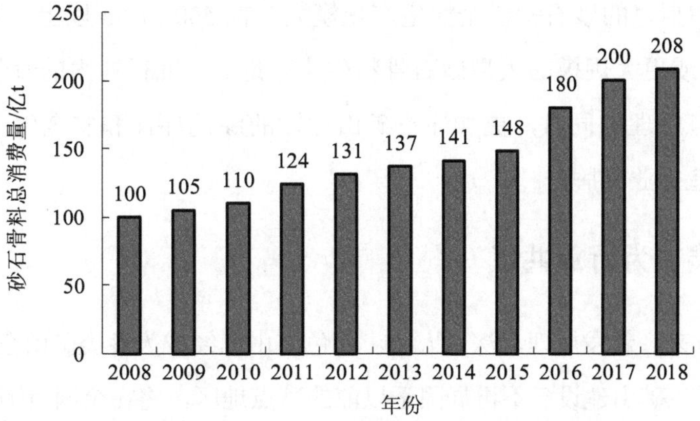

图 1-1　2008—2018 年中国砂石骨料总消费量

1.3.2 机制砂石成为主流

随着基础设施建设的日益发展和对生态环境保护力度的逐步加强，在我国一半以上的地区已出现天然砂石资源逐年减少甚至枯竭的状况，特别是北京、上海、天津等特大城市和经济发达地区，砂石供需矛盾尤其突出。为了弥补砂石市场的刚性需求，机制砂石逐渐成了建设用砂的首选。机制砂石不仅解决了天然砂石减少带来的砂石短缺问题，而且为高质量建设工程提供了重要的基础原材料。机制砂石原料充足，城市建筑废料和矿山尾矿也可开发成机制砂石原料，稳定而低廉的价格是机制砂石最大的优势，机制砂石在各地的价格不尽相同，但都比河砂和卵石便宜很多，与河砂相比，机制砂石每吨便宜 20 元左右。据中国砂石协会估测，未来机制砂石市场占有率可达到 80%。

1.3.3 砂石企业规模不断扩大

从 2011 年开始，砂石行业从粗放式发展向绿色发展过渡，安全、环保、生态等治理政策迫使落后砂石企业不断退出。到 2017 年年底，砂石企业数量减少至 17 000 多家，其中 300 多家企业自动化和规模化程度达到较高水平，年产量超过 500 万 t 以上的大型矿山企业占 12%，年产量超过 100 万 t 以上的中型矿山企业占 25%，年产量在 50 万 t 以下的小型矿山企业占 63%。大部分企业生产规模小，产业集中度低。

鉴于砂石行业良好的发展前景，如冀东水泥、海螺水泥、华润水泥、台湾水泥、中国葛洲坝集团、红狮控股集团、北京金隅集团、亚泰集团、河南同力水泥和中国建材集团旗下的中联水泥、南方水泥等一大批国内大型水泥企业已经或正在以整合资源和构建新型产业模式等方式进入砂石行业，其他基建企业如中国建筑集团、中国核工业集团、中国交通建设集团、中国铁建股份有限公司等也陆续进入砂石行业。

目前，新建和拟建的砂石骨料企业生产规模大多在 500 万 t/a 以上，并已陆续出现年产超过 2 000 万 t 或更大规模的大型砂石骨料生产基地。一批行业内的骨干企业在扩大企业发展规模和规范管理的同时，更加注重矿山建设的绿色环保和安全生产，努力加强企业文化建设，打造行业品牌。

1.3.4 绿色发展成为行业共识

党的十八大以来，新发展理念深入人心，绿色矿山已经成为各类矿山企业发展的方向。生态环境保护、绿色矿山建设已不再局限于以前的试点地区，将在全国范围内推广和建设。无法达标的企业将被关闭，产品质量好、节能高效、注重生态环境保护的企业将迎来大发展。

1.3.5 带动相关产业发展

砂石行业的快速发展，带动了破碎筛分装备行业的发展。目前我国已具备了生产大型破碎机、筛分机等成套装备的制造能力，并已达到国际先进水平，同时实现了成套砂石装备批量出口，主要出口到西亚、东南亚等。

砂石行业的快速发展，同样带动了建筑行业固体废物的资源化利用。目前，我国砂石行业固体废物资源化利用企业有 100 多家，已能生产再生透水砖、再生透水混凝土、再生砌块、再生混凝土等多种产品，并在多个领域应用，形成政府给政策、企业出资综合治理，建设生态林业、生态农业、生态公园等的新模式。

1.4 砂石行业存在的问题

砂石行业虽然市场规模大、发展前景好，但行业产业的集中度偏低、产品质量良莠不齐和管理水平偏低等仍然是当前存在的突出问题，由此制约和阻碍了行业的高质量发展进程。

1.4.1 集约化程度不高

当前我国砂石类单个矿山的平均生产规模较低，单个矿山平均矿区面积约为 0.115 km^2，调研后发现大部分地区的独立矿山面积在 0.05 km^2 以下，行业资源开发集约化、规模化水平偏低。砂石矿山在开发的过程中“大矿小开，整矿零开”的情况也普遍存在，企业整体呈现“多、小、散、乱、杂”的特点，尚未形成工业化规模水平，处于工业化发展的初期阶段。

1.4.2 环保与生态问题严重

目前，我国砂石企业存在技术门槛低、环保意识淡薄等突出问题，主要表现在企业深加工能力不足，经济效益不高，资源浪费严重；矿石开采造成的地表植被损害和生态景观破坏随处可见；河道采砂影响河床安全和航道工程的事件时有发生；砂石加工、运输产生的扬尘污染常被投诉；大型运输车辆损坏道路时有发生。

1.4.3 盗采滥挖现象突出

各地砂石盗采滥挖现象严重，有的甚至出现在了水源保护区、自然保护区等生态敏感地区。其中，河道砂石的盗采现象更为严重，在河道采砂行为清理整顿前，以长江流域为代表的河道非法砂石开采活动几近疯狂。据相关报道，2015 年年底，仅长江海事局辖区内采砂相关船只近 6 000 艘，其中，非法改建砂船近 500 艘。

1.4.4 行业管理权责混乱

我国砂石行业管理涉及自然资源、水利、航运等多部门，各管理部门根据职能特点均出台过相关的管理办法，但在全国范围内却一直没有统一的行业管理规定，各地执法力度不尽相同。比如，在河道采砂方面，表现出政出多门、职责交叉、许可矛盾、重复收费等突出问题。砂石行业面对的管理部门虽多，但一直难以形成管理合力，呈现出“龙多不治水”的行业管理乱象，这种权责乱象也导致我国砂石行业的数据统计与信息收集工作长期没有规范统一的渠道，这对分析行业现状、把握行业趋势、了解行业热点等造成了很大的阻碍。

1.4.5 天然砂石资源日趋紧张，价格过高

经过多年开采，天然砂石资源日趋减少，国内已经有很多地区天然砂石资源几近枯竭。为了保护江堤河坝、维护生态平衡，各地政府不断加大禁采力度，天然砂石市场供应日趋紧张、价格持续上涨。

1.4.6 海砂资源开采缺少质量监管

部分沿海地区对海砂资源的开采缺乏规划，对于海砂质量的监管力度不够，不合格海砂充斥市场。地方政府应做好海砂利用规划，依法依规建立长效的海砂管控机制。运用政策杠杆，鼓励企业建设规范达标的海砂淡化生产基地，引导质量达标的海砂进入市场。

1.5 砂石行业发展趋势

1.5.1 国外发展趋势

在发达国家，砂石骨料产业经历了“黄金发展时期”的繁荣之后，由于基础设施建设相对完善，并且近几年全球经济复苏程度总体偏弱，基础设施建设项目及维修项目减少，未来几年砂石骨料需求量将不断下降，装备企业也不断向发展中国家转移。

1.5.1.1 美国

美国作为世界最大经济体，砂石骨料市场已经较为成熟，对仍处在转型升级过程中

的我国砂石行业具有一定的参考价值。

2017 年，美国约 3 600 家天然砂石采掘商共生产 8.9 亿 t 建筑用天然砂与碎石，平均价格 8.7 美元/t。2017 年美国进口天然砂石约 800 万 t，占使用总量的 1%，主要来源国是加拿大，占进口天然砂石量比达 90%以上。据统计，2017 年生产的 8.9 亿 t 天然砂石有约 44%用作砂石骨料，25%用作路面垫层，13%作为沥青骨料使用。

机制砂石方面，2017 年美国约 1 700 家砂石供应商共生产机制砂石 13.3 亿 t，其中建筑垃圾等回收材料 3 800 万 t，占总量的 3%，石灰岩、白云岩砂石 11.17 亿 t，占总量的 84%，花岗岩砂石 1.73 亿 t，占总量的 13%，平均价格 11.45 美元/t。从用途上来说，约 76%的机制碎石用作以道路建设与维修为主的建筑材料。美国 2017 年机制砂石产量高于天然砂石产量，砂石总产量约为 22.2 亿 t。根据美国最大的砂石供应商火神材料公布的 2018 年经营数据，其砂石（机制砂石、天然砂石）业务营业额 26.67 亿美元，砂石生产总量 2.01 亿 t，均价约 13.25 美元/t。

1.5.1.2　日本

1986—1990 年，日本经济高速发展，进入“泡沫时代”。1988 年、1989 年及 1990 年日本砂石产销实现了 8.5%、9.5%及 10%的三连涨，并在 1990 年达到了近 50 年来日本砂石产量的最高点，将近 10 亿 t。

1990 年日本股市开始暴跌，1991 年日本不动产市场开始垮塌，房地产价格一泻千里，金融受创。随后，日本采取刺激实业、政府举债大兴公共事业的措施进行补救，但其经济形势仍一蹶不振。

根据资料，日本“泡沫经济”期间（20 世纪 80 年代后期到 90 年代初期，下略）砂石价格呈现一路上涨的趋势，而“泡沫”破碎后的 20 世纪 90 年代上半叶，砂石需求在公共事业的托底作用下并未断崖式下跌，砂石价格甚至在 1994 年日本严打超载后继续上升，最高超过 4 600 日元/方。1996 年，日本砂石行业开展中小企业现代化计划，生产设施、环境保护状况、员工福利等都得到了巨大的改善，砂石企业总数进一步下降，行业集中度有所提高。然而政府有限的公共事业投资量并未挽救日本砂石等建筑材料行业，“泡沫”破碎后，日本砂石产量出现了长达 21 年的连续大滑坡，直到 2011 年之后才终于稳定，价格高峰也昙花一现，1996—2004 年一路下跌至接近“泡沫经济”前期的价格。

2011 年，日本的砂石产量与 1990 年的峰值相比已经狂降 60%，近年来也一直未明显上涨。2011 年日本砂石产销量约为 3.7 亿 t，仅为 1990 年的 39%。虽然日本的砂石骨料需求基本停止了增长，但行业的规范化和规模化依然为机制砂企业带来了不菲的利润。

随着对环境的日益重视，日本天然河砂、海砂、山砂等的开采许可在较早时期就开始收紧，开采量逐年下降，日本政府从2006年起全面禁止了海砂的开采。同时，日本建筑用砂中的机制砂占比逐年上升，技术也逐步成熟。以2016年为例，日本全国共生产机制砂2.59亿t，其中混凝土用机制砂近3 000万t，而全年天然砂开采量仅为9 400万t。由于亚太以及日本本国基建计划的刺激，日本砂石行业恢复了部分活力，但总体产销量仍显低迷。2019年4月，东京地区5～20 mm混凝土用碎石价格在4 350日元/方。

综上所述，从以美国和日本为代表的发达国家来看，现阶段砂石行业市场需求不旺盛，生产和销量仍显低迷；在产业转型方面，美日两国机制砂用量逐步提高，机制砂代替天然砂的发展路线是今后的主要趋势。对于发展中国家，砂石骨料产业在经历了“粗放式”的发展时期后，已进入快速发展期，通过转型升级和工业化，开采技术和装备水平在快速提升。发展中国家的基础设施相对落后，市场容量很大，新建基础设施项目较多，砂石骨料用量不断增加，发展前景良好。

1.5.2 国内发展趋势

1.5.2.1 深入推进绿色发展

2017年国土资源部、财政部、环境保护部、国家质检总局、银监会、证监会联合发布了《关于加快建设绿色矿山的实施意见》（国土资规〔2017〕4号），要求力争到2020年，基本形成绿色矿山建设新格局。新建矿山全部达到绿色矿山建设要求，生产矿山加快改造升级，逐步达到要求。截至2020年6月，全国除上海、天津、西藏外的28个省（区、市）制定了绿色矿山建设规范。

2018年，《中华人民共和国宪法修正案》中，首次将生态文明建设写入宪法，生态文明建设已经上升为国家战略，在工业文明转向生态文明的时代背景下，绿色矿山建设是实现矿业高质量发展的重要途径和必然要求，也是我国实现由矿业大国向矿业强国转变的必由之路。

2018年6月22日，自然资源部发布了《砂石行业绿色矿山建设规范》（DZ/T 0316—2018）等九大行业绿色矿山建设规范，并于2018年10月1日起实施。我国绿色矿山建设进入了“有法可依”的新阶段。

为贯彻落实习近平总书记“绿水青山就是金山银山”的重要理念，我国矿业走绿色矿山、绿色矿业之路，已经成为时代潮流。社会经济发展和国家基础设施建设对砂石资源的需求也日益剧增。

对于砂石开采业来说，一方面是对砂石的大量需求，另一方面是环保压力的逐渐增加。如何处理资源与环境的矛盾，唯一出路是走绿色发展、可持续发展道路。在这种形势下，大量不符合绿色矿山建设要求的砂石矿山将被关闭，绿色矿山建设将成为砂石行业未来的发展趋势。

1.5.2.2　强化规模化、集约化发展

2019 年 11 月，工业和信息化部、国家发展和改革委员会等多部门联合发布《关于推进机制砂石行业高质量发展的若干意见》，明确指出“随着天然砂石资源约束趋紧和环境保护日益增强，机制砂石逐渐成为我国建设用砂石的主要来源。目前，机制砂石生产已由简单分散的人工或半机械的作坊逐步转变为标准化规模化的工厂，但机制砂石行业还面临着质量保障能力弱、产业结构不合理、绿色发展水平低、局部供求不平衡等突出问题”。要求全力推进机制砂石行业高质量发展，“到 2025 年，形成较为完善合理的机制砂石供应保障体系，产品质量符合 GB/T 14684《建设用砂》等有关要求，以Ⅰ类产品为代表的高品质机制砂石比例大幅提升，年产 1 000 万 t 及以上的超大型机制砂石企业产能占比达到 40%，利用尾矿、废石、建筑垃圾等生产的机制砂石占比明显提高”。

“同时，鼓励企业以资源、资本、技术、品牌、市场等为纽带，通过市场化法治化手段实施兼并重组，压减、改造机制砂石低效产能，提升产业集中度。培育打造管理先进、装备精良、质量可靠、本质安全、环境优美、品牌突出的跨区域砂石企业集团。”

目前国内已有年产几百万吨到 1 000 万 t 甚至超过 1 000 万 t 的机制砂石生产线几十条，并以每年十几条生产线的速度持续增加。新建的机制砂石生产线都采用了全方位的环保和安全措施。全国的砂石企业已由近 2 万多家减少到约 1 万家，砂石行业正在快速向工业化、规模化、集约化方向转变，行业形象大为改观。

1.5.2.3　合理布局，促进行业健康发展

目前，我国砂石行业快速发展，尤其是机制砂石的比重不断加大，进入了重要的转型时期，需要重新规划和布局，并有合理的政策引导和支持。

根据工业和信息化部、国家发展和改革委员会等多部门联合发布的《关于推进机制砂石行业高质量发展的若干意见》，“十四五”期间，“统筹考虑矿产资源、市场需求、交通物流等因素，按照安全、环保、功能区等方面要求，科学规划、合理布局，建立国内合理的机制砂石供应体系，既保障供给，又防止‘一哄而上’造成产能过剩。根据京津冀及周边、长三角、珠三角等重要城市群，以及中西部建设需要，合理投放砂石资源采矿权，支持大型项目加快建设，尽快形成新的优质产能，保障重点工程建设。各省在做好本地区规划平衡的同时，加强与其他省份的联动。推动贵州、安徽、江西、湖南、广西、河北等砂石资源丰富地区和需求量大地区的衔接，适应机制砂石大宗物料特点，沿主要运输通道布局一

批超大型企业，形成若干大型生产基地。市、县区域合理布局服务当地的砂石加工基地或集散中心”。

1.5.2.4 加大研发力度，科技引领发展

机制砂石与传统的砂石生产截然不同，涉及多项技术。要获得高质量的砂石骨料，需要对矿山进行勘探，对开采和加工生产线合理布局，尤其是大型生产线，要有工厂化的设计，包括机制砂石系统的设计、建设、运行管理、安全、环保等各个方面。从矿山开采、资源利用、能源消耗、粉尘、噪声、废水处理与回收利用等多方面进行综合考虑，贯穿全方位绿色制造、全系统实现智能节能的理念。需要对开采技术、矿石加工技术和机械装备的核心技术进行研究；需要对砂石骨料的颗粒级配、粒型、表面特征、针片状颗粒含量、石粉含量、空隙率以及骨料-浆体界面等进行研究。要制作高性能、高强度的混凝土和基础工程，需要对砂石骨料的成分、粒形、粒径、颗粒级配、吸水率、线膨胀系数等进行更深入细致的研究，有效解决机制砂石细度模数、石粉含量和含水率的控制问题。

1.5.2.5 资源综合利用，践行可持续发展

随着建筑和基础设施建设的高速发展，我国每年消耗约 200 亿 t 砂石骨料。同时，我国城市老旧建筑和基础设施改造，会产生大量的建筑垃圾，而在建筑垃圾中，废弃混凝土的量是最大的，给资源和环境带来了巨大压力。如果对这些废弃物不加以利用，不仅会增加环境的负荷，也是对资源的浪费。各国都对废弃混凝土进行处理，在重建工程中用作再生骨料，既节约了天然骨料资源，又有利于保护环境。

砂石行业对废旧混凝土的回收和再利用具有显著的优势，对落实资源循环利用具有重要意义，其将成为建筑垃圾回收处理与再利用的环保产业。

第 2 章　砂石行业高质量发展的原则和导向

2.1　高质量发展理念

党的十八大以来，以习近平同志为核心的党中央直面我国经济发展的深层次矛盾和问题，提出了“创新、协调、绿色、开放、共享”的新发展理念。创新成为第一动力、协调成为内生特点、绿色成为普遍形态、开放成为必由之路、共享成为根本目的。推动高质量发展，既是全社会保持经济持续健康发展的必然要求，也是遵循经济发展规律的必然选择，更是我国砂石行业实现长期稳定、可持续健康发展的现实要求。

面对我国经济发展进入新常态的大背景，任何行业、企业都不能置身事外，尤其是快速发展的砂石行业。作为国民经济发展不可或缺的基础原材料行业，砂石行业要生存、要发展，就要遵循经济规律，从自身做起，主动担当、积极作为；坚持质量第一、效益优先，推动自身发展质量变革、效率变革、动力变革；提高全要素生产率，不断增强行业经济发展创新力和竞争力，推动行业高质量发展。

2.2　高质量发展的原则

2.2.1　总体原则

投资建设砂石（骨料）生产线要坚持高质量发展的理念。在项目选址和空间布局上，强化国土空间环境管控，坚持生态保护红线、环境质量底线、资源利用上线和生态环境准入清单的“三线一单”原则；在规划设计中，不仅筹划企业的近期发展，也应谋划企业的中长期发展，更应规划资源矿山服务期满和生产线生命终结后，矿山开采迹地的恢复和生产场地的再开发、再利用。在企业的生产运行中，要加强生产过程的精细化管理，最大限度地实施清洁生产、节能减排，努力提升企业的经济效益。坚持生命周期的理念，全过程规划和管控企业生产线（项目）的建设、运行、终结，以及生命周期后的转型升级，努力推进生态环境保护精细化管理，取得企业的可持续效益，实现企业的绿色发展、高质量发展。

2.2.2 技术原则

砂石资源开发规划与设计、矿山基建、采矿和废弃地复垦等阶段的生态环境保护与污染防治，应严格落实《矿山生态环境保护与污染防治技术政策》（环发〔2005〕109 号）中的技术要求，砂石骨料资源的开发应贯彻“污染防治与生态环境保护并重，生态环境保护与生态环境建设并举；以及预防为主、防治结合、过程控制、综合治理”的指导方针。

砂石骨料资源的开发应推行循环经济的“污染物减量、资源再利用和循环利用”的技术原则，包括：

①发展绿色开采技术，实现矿区生态环境受损最小化。

②发展干法或节水的工艺技术，减少水的使用量。

③发展无废或少废的工艺技术，最大限度地减少废弃物的产生。

④开采中的废弃物应予充分综合利用，最后进行无害化处理处置。

2.2.3 开发原则

2.2.3.1 禁止的砂石资源开发活动

①禁止在依法划定的自然保护区（核心区、缓冲区）、风景名胜区、森林公园、饮用水水源保护区、重要湖泊周边、文物古迹所在地、地质遗迹保护区、基本农田保护区等区域内采矿。

②禁止在铁路、国道、省道两侧的直观可视范围内进行露天开采。

③禁止在地质灾害危险区开采砂石骨料资源。

④禁止新建对区域景观产生破坏性影响且不可修复的骨料资源开发项目。

⑤严禁在《中华人民共和国水法》《中华人民共和国防洪法》《中华人民共和国河道管理条例》《长江河道采砂管理条例》《长江河道采砂管理条例实施办法》以及各级人民政府明令禁止的河道和水道采石、采砂。

2.2.3.2 限制的砂石资源开发活动

①限制在生态功能保护区和自然保护区（过渡区）内开采砂石资源。

生态功能保护区内的开采活动必须符合当地的环境功能区规划，并按规定进行控制性开采，开采活动不得影响本功能区内的主导生态功能。

②限制在地质灾害易发区、水土流失严重区域等生态脆弱区内开采砂石资源。

2.2.3.3　**砂石资源开发规划**

①砂石资源开发应符合国家产业政策要求，选址、布局应符合所在地的区域发展规划。

②砂石资源开发企业应制定砂石资源综合开发规划，并应进行环境影响评价，规划内容包括资源开发利用、生态环境保护、地质灾害防治、水土保持、废弃地复垦等。

③在砂石资源的开发规划阶段，应对矿区内的生态环境进行充分调查，建立矿区的水文、地质、土壤和动植物等生态环境和人文环境基础状况数据库。同时，应对矿床开采可能产生的区域地质环境问题进行预测和评价。

④砂石资源开发规划阶段还应注重对矿山所在区域生态环境的保护。

2.2.3.4　**砂石资源开发与利用**

①应优先选择废物产生量少、水重复利用率高，对矿区生态环境影响小的开采、加工工艺与技术。

②应考虑低污染、高附加值的产业链延伸建设，把资源优势转化为经济优势。

③矿山外排水应统筹规划、分类管理、综合利用。

④地面运输系统设计时，宜考虑采用封闭运输通道运输砂石骨料和开采废弃物。

2.2.3.5　**矿山基建**

①对砂石骨料资源矿山勘探应采用绿色勘探技术，勘探后的钻孔应采取封闭等措施进行处理，以确保生产安全。

②对矿山基建可能影响的具有保护价值的动、植物资源，应优先采取就地、就近保护措施。

③对矿山基建产生的表土、底土和废石等应分类堆放、分类管理和充分利用。可优先用作废弃地复垦时的土壤重构用土。

④矿山基建应尽量少占用农田和耕地，矿山基建临时性占地应及时恢复。

2.2.3.6　**采矿**

（1）鼓励采用的采矿技术

①对于露天开采的矿山，宜推广剥离—排土—造地—复垦一体化技术。

②对于水力开采的矿山，宜推广水资源重复利用率高的开采技术。

③推广应用充填采矿工艺技术，提倡废石不出坑，利用废石充填采空区。

④推广减轻地表沉陷的开采技术，如条带开采、分层间隙开采等技术。

⑤在不能对基础设施、道路、河流、湖泊、林木等进行拆迁或异地补偿的情况下，在矿山开采中应留有安全距离，确保生态环境影响在允许范围内。

（2）矿坑水的综合利用和废水、废气的处理

①鼓励将矿坑水优先利用为生产用水，作为辅助水源加以利用。

在干旱缺水地区，鼓励将外排矿坑水用于农林灌溉，其水质应达到相应标准要求。

②宜采取修筑排水沟、引流渠，预先截、堵水，防渗漏处理等措施，防止或减少各种水源进入露天采场和地下井巷。

③应用酸性矿坑废水、高矿化度矿坑废水和含氟、锰等特殊污染物矿坑水的高效处理工艺与技术。

④采用安装除尘装置、湿式作业、个体防护等措施，防治凿岩、铲装、运输等采矿作业中的粉尘污染。

（3）固体废物贮存和综合利用

①对采矿活动产生的固体废物，应使用专用场所堆放，并采取有效措施防止二次环境污染及诱发次生地质灾害。

②应根据贮存场所的工程地质情况，采用完善的防渗、集排水措施，防止淋溶水污染地表水和地下水。

③宜采用水覆盖法、湿地法、碱性物料回填法等方法，预防和降低废石场的酸性废水污染。

④废土、废石堆存时，宜采取分层压实、黏土覆盖、快速建立植被等措施，防止扬尘和水土流失。

⑤大力推广采矿固体废物的综合利用技术，不能用作骨料的，可用于铺路、制砖等。

（4）废水、废气的处理

①废水应循环利用，力求实现闭路循环。未循环利用的部分应进行收集，处理达标后排放。

②宜采用尘源密闭、局部抽风、安装除尘装置等措施，防治破碎、筛分等机制砂石作业中的粉尘污染。

（5）废弃物的贮存

应建造专用的排弃场，并采取措施防止机制砂尾砂的二次环境污染及诱发次生地质灾害。

①采用防渗、集排水措施，防止排弃场溢流水污染地表水和地下水。

②排弃场坝面、坝坡应采取种植植物和覆盖等措施，防止扬尘、滑坡和水土流失。

（6）废弃地复垦

砂石骨料矿山生产线建设初期，生产企业应贯彻习近平生态文明思想，以“创新、

协调、绿色、开放、共享”新发展理念为指导，把握生态节能和经济效益的两条主线，综合矿山的自然条件、地域优势、开发前景、经济收益等因素，谋划旅游、复垦、种植、养殖、工业制造等产业，因地制宜地制订废弃地复垦和再利用规划。

在矿山生产过程中，应遵循“边开采边恢复”，做好污染防治和水土流失防治工作：

①矿山废弃地复垦应做可垦性试验，采取最合理的方式进行废弃地复垦。

②对于存在污染的矿山废弃地，不宜复垦为农牧业生产用地；对于可开发为农牧业用地的矿山废弃地，应对其进行全面的监测与评估。

③采取种植植物和覆盖等复垦措施，对露天坑、废石场、矿区道路边坡等永久性坡面进行稳定化处理，防止水土流失和滑坡。

④废石场等固体废物排弃场服务期满后，应及时封场和复垦，防止水土流失及风蚀扬尘等。

⑤采用生物工程进行废弃地复垦时，宜对土壤重构、地形、景观进行优化设计，对物种选择、配置及种植方式进行优化，做到恢复后的景观与周边环境相融合。

2.2.4　选址原则

投资新建或改扩建砂石（骨料）生产线要充分考虑项目所在地砂石资源禀赋、经济发展水平、市场需求、交通条件、电力能源、环境许可条件等因素，既要符合当地的城镇发展规划和产业发展规划，也应满足环境功能区划要求和环境保护发展规划。宜靠近砂石资源地，并远离居民区。

砂石资源矿山的开采，严禁在风景名胜区、自然保护区、饮用水水源保护区和生态保护红线内选址，禁止在法律法规及各级地方政府明令禁止的区域进行砂石资源开发活动。工程选址要在工程地质和水文地质条件较好的地带，避开矿山爆破危险区和山洪、滑坡、泥石流等地质灾害易发地段，并具有良好的外部条件，便于与外部协作。建设用地必须符合土地供应政策和土地使用功能，并通过环境影响评价和取得生态环境主管部门的行政许可。

2.2.5　生产设计原则

项目布局确定之后，应做好前期工作，委托专业单位开展厂区工程地质勘查、水文地质勘查和建设项目的环境影响评价工作，为工程设计提供扎实的基础资料和充足的设计依据。

2.2.5.1　基础资料

应予准备的工程设计基础资料包括：

①建厂选址所在地城镇近远期发展规划。

②建厂选址所在地气象、交通及地震资料。

③供水、供电、通信、机电维修及物料运输等外部协作条件。

④经主管部门批准的矿山资源地质勘查报告。

⑤厂区工程地质勘查报告，水文地质勘查报告，矿石质量、加工性能检测报告和厂区测量地形图。

⑥合法的用地手续，以及生态环境主管部门批复的环评文件等。

2.2.5.2 总图布置

厂区布置应本着“生态文明、节能环保”的原则，坚持“技术先进、经济合理、安全可靠、节约资源”的理念，根据厂区地形地质条件，选择合理的布置方案，做到生产流程简捷流畅，布局紧凑、合理，道路连接平畅通达。

砂石（骨料）生产线按功能主要包括原料储存区、生产加工区、辅助生产区、办公生活区。总平面布置应按功能合理分区，集中布置。分期建设时，应统一规划、分期实施。设计时应兼顾近期与远期设施的布置衔接。

充分利用厂区的地形、地势，为减小噪声和振动设备对环境的影响，优先利用地下空间。

2.2.5.3 生产工艺

砂石（骨料）生产线生产工艺设计应遵循“简洁、节能、减排”的原则，生产工艺尽量“多筛少破”，根据矿石性质、试验数据、生产规模、产品要求等因素综合确定。原矿含泥（土）量较高时，应采取除泥（土）工艺，洗矿作业或湿式制砂作业的生产工艺设计，应利用回水。

2.2.5.4 工艺流程

制砂工艺流程设计应优先采用干法制砂工艺。干法制砂产品的含泥比、细度模数、颗粒级配应符合《建设用砂》（GB/T 14684—2022）的有关规定，当不能满足时，宜采用湿法制砂工艺。难碎矿石或中等可碎性矿石宜采用三段破碎闭路筛分流程，易碎性矿石宜采用两段或单段破碎闭路筛分流程。对产品粒形、粒径有明确要求的机制骨料加工设计应增加整形工艺。为了生产中的节能减排，工艺布置时，要遵循安全紧凑、简捷顺畅的设计原则，应优化工程布局，根据工艺流程特点，合理利用地形布置车间、设施，简化物料运输环节，严格控制转运点数量，减少扬尘环节。

2.2.5.5 主要设备选型

设备的型式与规格，应根据矿石性质、工艺要求、工厂规模等因素综合确定，并应遵循成熟先进、节能环保、备品配件来源可靠的原则，尤其是对照现行的国家产业指导目录要求，优先选择国家鼓励使用的工艺技术和节能设备，禁止选用淘汰类设备。粗碎设备选型可根据破碎能力选择旋回破碎机、颚式破碎机；易碎性矿石可选择锤式破碎机、反击式破碎机。制砂设备采用立轴冲击式破碎机时，应采用分级作业控制细粉含量；机制砂中含泥量超标时应设置脱泥装置。

脱泥与洗矿设备选型主要根据砂石中的含泥量和筛除难易程度确定：原矿中含泥量低或易筛除时，宜对粗碎作业前预先筛分的筛下物进行筛泥处理，筛泥设备宜为双层振动筛；原矿中含泥量高或难筛除时，宜在废品筛分作业中进行脱泥处理。

2.3　高质量发展应遵循的规定

2.3.1　节能规定

节能设计应根据建设项目的能源使用情况、设备技术水平、经济适应性等因素，综合确定节能措施。

2.3.1.1　生产工艺技术节能要求

①机制砂石骨料工厂应选用技术先进、节能的设备。

②分期建设的大型机制砂石骨料工厂公用设施应分析分期设计、分期建设、分期投入使用的合理性。

③在满足机制骨料产品粒形的前提下，宜通过事先筛分减少破碎作业量。

2.3.1.2　生产工艺设备节能要求

①设备选型宜大型化。

②在满足工艺技术要求的前提下，宜选用节能型破碎及筛分设备。

③坡度较大的长胶带输送机在下行状态下，经计算论证宜利用势能发电。

④设备之间的衔接应采用输送带方式。

2.3.1.3　生产用水要求

①需湿式分级的生产线，应节约用水，并应利用循环水。

②泵的高压密封水、设备循环冷却补加水应采用新水，其他作业宜采用循环水。

2.3.1.4　公用工程节能要求

①功率大于 250 kW 的电机应选用较高电压等级的传动电机。

②设备电机宜安装变频装置。

③通风收尘系统应选用节能、低噪声风机产品和低阻的收尘器。

2.3.2 环境保护规定

工厂设计应贯彻清洁生产指导思想，并应用国内外污染防治的先进技术与成熟的实践经验。机制砂石骨料生产线应优先采用先进、环保的生产工艺及设备，必须配有收尘系统。机制砂石骨料湿法生产线必须设置废水处理系统，并应循环用水。

2.3.2.1 粉尘污染防治

①机制砂石骨料工厂应对破碎、筛分及输送等环节采取封闭措施：应对破碎、筛分及转运等扬尘点设置收尘装置，粉尘排放浓度应执行环评文件中明确的排放标准限值，并应满足相应的环境保护要求。

②对于无组织排放的扬尘，应采取封闭、苫盖、洒水、喷雾等降尘措施。

2.3.2.2 固体废物污染防治

①收尘设备收集的粉尘处理后应运到固定地点堆存，并采取防止二次污染的措施。

②脱水污泥和洗矿等工艺排出的各种废渣应集中处理，不得排入自然水体或随意抛弃。

③固体废物宜综合利用。

2.3.2.3 废水污染防治

①生产排水、雨水和生活污水，应清污分流。

②设备冷却用水应采用循环冷却水。

③污水排放标准应执行环评文件中明确的排放标准，并应满足相应的生态环境保护要求。

④检验化验室排出的含酸、碱废水应进行集中收集，中和处理后达标排放。

⑤生产废水应经自然沉淀或机械脱水，固液分离后的清水应回用于生产系统。

2.3.2.4 噪声污染防治

①工艺设计，应充分考虑高噪声源的地下、半地下设计。

②优先选用低噪声生产设备，噪声限值应符合《工业企业噪声控制设计规范》（GB/T 50087—2013）的有关规定。

③工厂厂界噪声限值应执行环评文件中明确的排放标准限值，并应满足相应的环境保护要求。

④设备选型时应选用低噪声设备，工艺布置应采取控制噪声传播的措施。

⑤高噪强振的设备，应采取消声、减振措施。

⑥高噪声车间，应采取隔声围护结构等措施。

2.4　高质量发展导向

我国已成为最大的机制砂石生产国和消费国，年产量高达 200 亿 t。贯彻“创新、协调、绿色、开放、共享”的新发展理念，以质量和效益为中心，利用现代信息技术改造提升砂石产业，着力打造数字矿山、建设智能工厂、构建绿色物流，利用综合标准依法依规关停落后产能，“倒逼”提升质量保障能力和节能减排水平，增强生产安全，调整优化结构布局，加快联合重组，因地制宜地发展循环经济，提高全要素生产率，推进机制砂石产业高质量发展，为工程质量提升提供有力支撑和保障，已成为行业共识，更是行业发展的主流。从资源找矿到砂石加工生产，再到物流运输的整个产业链中，绿色勘查、绿色矿山建设、节能环保、固废资源化利用应成为砂石行业高质量发展的关注点和重要导向。

2.4.1　绿色勘查

2.4.1.1　绿色勘查的发展情况

近年来，在自然资源部的统一部署和指导下，通过不断总结提升并推广绿色勘查实践，我国地勘行业生态文明建设理念深入人心，全国地勘行业逐渐走向绿色勘查新时代。

2015 年 5 月，中共中央、国务院印发了《中共中央　国务院关于加快推进生态文明建设的意见》（中发〔2015〕12 号），对生态文明建设作出了全面部署，提出发展绿色矿业，加快推进绿色矿山建设，促进矿产资源高效利用，提高矿产资源开采回采率、选矿回收率和综合利用率。

2016 年 9 月，国土资源部组织召开了全国绿色勘查工作经验交流研讨会，提出要从进一步加快发展绿色矿业的高度来重视绿色勘查。表明政府和企业已开始由单纯注重绿色开发向绿色勘查与绿色开发并重转变，我国绿色矿业发展的内涵将越来越科学化、全面化。

2017 年 5 月，中国矿业循环经济暨绿色矿山论坛在北京市召开，总结交流绿色矿山建设的新技术应用、绿色勘查理念与实践、绿色勘查企业标准等。

2017 年 10 月，国土资源部在北京市举办的全国地质勘查管理工作培训班上，组织了“绿色勘查先进经验与做法”专题培训，邀请相关人员从理念、制度、技术、方法等方面对绿色勘查进行了介绍。

2018 年 8 月，在国土资源部地质勘查司的指导下，国土资源部矿产勘查技术指导中心会同中国矿业联合会共同牵头编制了《绿色勘查指南》（T/CMAS 0001—2018），这是我国首个绿色勘查团体标准。指南规定了绿色勘查的基本原则和基本要求、施工企业管理、勘查工作中的生态环境保护和环境恢复治理、和谐勘查等内容。

2018 年 11 月，自然资源部矿产勘查技术指导中心主办的绿色勘查工作推进暨绿色勘查指南培训会在云南省昆明市举行，对绿色勘查政策、标准、技术以及经验进行了系统梳理和总结。

2019 年 3 月，中国地质调查局印发《区域地质调查技术要求（1∶50 000）》等 9 项标准，特别将生态环境的调查与评价纳入各项地质矿产调查工作中，形成资源潜力、技术经济、生态环境“三位一体”的调查评价体系。

2020 年 4 月 30 日，自然资源部发布了《固体矿产勘查概略研究规范》等 46 项行业标准，其中包括中材地质工程勘查研究院有限公司参与起草的《矿产地质勘查规范 建筑用石料类》（DZ/T 0341—2020），该规范中规定了建筑用石料（含砂石）矿产绿色勘查要求。

2021 年 6 月 18 日，自然资源部正式发布《绿色地质勘查工作规范》，自 2021 年 7 月 1 日起实施。

目前，绿色勘查是政策形势所趋，是地勘行业进步的重要体现，是资源找矿的必由之路，更是砂石行业高质量发展的先行环节。全国地勘单位和矿山企业已形成共识，并积极参与其中，收效明显。

2.4.1.2 绿色勘查的基本原则

秉承绿色发展理念，将其贯穿于砂石矿勘查活动的全过程，将保护生态环境作为勘查活动中应尽的义务和责任。

创新驱动绿色勘查，依靠科技和管理创新，采用先进的新技术、新工艺、新方法、新设备进行砂石矿勘查工作，最大限度地避免或减轻砂石矿勘查活动对生态环境的扰动、污染和破坏。

因地制宜地开展勘查，基于不同砂石矿勘查区的植被覆盖情况、自然修复能力等，采用适宜的勘查手段、环境保护和恢复措施，分类实施绿色勘查。

2.4.1.3 绿色勘查基本要求

依法开展砂石矿勘查工作，在地质勘查前进行环境风险评估，不得在自然保护区、风景名胜区等生态保护红线内和相关法律法规禁止的区域内从事地质勘查工作。

勘查设计应充分体现并明确提出绿色勘查要求。在勘查设计前，应先进行实地踏勘，对勘查活动可能造成的生态环境影响及程度作出预判。在勘查设计中，应统筹勘查目的任务与生态环境保护之间的关系，采用适宜的勘查方法、技术手段、设备、工艺和材料，合理部署勘查工程，并对场地选址、道路选线、物料堆存、废弃物处理、各项工程施工、环境恢复治理等勘查活动各环节的绿色勘查工作作出明确的业务技术安排，制定明确的预防控制措施和组织管理措施。

在勘查施工过程中，应严格按照勘查设计落实绿色勘查要求。优化工程设计时，应充分考虑绿色勘查要求。应对车辆、人员通行和工程占地等对土壤植被的损毁，机械运行排放的废气污染，设备运行产生的噪声影响，开挖土石造成的滑塌或滑坡，以及泥浆（如废水、废渣、废油料等）、生活垃圾、废弃物引起的污染等进行有效管控。

勘查工作或阶段工作结束，应针对勘查活动造成的生态环境影响，及时开展生态环境恢复治理，最大限度地消除勘查活动对生态环境造成的负面影响。项目竣工验收应将绿色勘查要求落实情况作为重要考核内容。

2.4.2　绿色矿山建设

为全面贯彻落实新发展理念和党中央、国务院的决策部署，加强矿业领域生态文明建设，加快矿业转型和绿色发展，2017 年 3 月 22 日，国土资源部、财政部、环境保护部、国家质量监督检验检疫总局、中国银行业监督管理委员会、中国证券监督管理委员会六部门联合印发《关于加快建设绿色矿山的实施意见》（国土资规〔2017〕4 号，以下简称《意见》），要求加大政策支持力度，加快绿色矿山建设进程，力争到 2020 年，形成符合生态文明建设要求的矿业发展新模式。

《意见》明确了绿色矿山建设三大建设目标：一是基本形成绿色矿山建设新格局。新建矿山全部达到绿色矿山建设要求，生产矿山加快改造升级，逐步达到要求。树立千家科技引领、创新驱动型绿色矿山典范，实施百个绿色勘查项目示范，建设 50 个以上绿色矿业发展示范区，形成一批可复制、能推广的新模式、新机制、新制度。二是构建矿业发展方式转变新途径。创新资源节约集约和循环利用的产业发展新模式和矿业经济增长的新途径，加快绿色环保技术工艺装备升级换代，加大矿山生态环境治理力度，大力推进矿区土地节约集约利用和耕地保护，引导形成有效的矿业投资等。三是建立绿色矿业发展工作新机制。研究建立国家、省、市、县四级联创、企业主建、第三方评估、社会监督的绿色矿山建设工作体系，健全绿色勘查和绿色矿山建设标准体系，完善配套激励政策体系，构建绿色矿业发展长效机制。

《意见》主要内容：一是制定领跑标准，打造绿色矿山。各地要按照绿色矿山建设要求，细化标准，明确矿区环境面貌、开发利用方式、资源节约集约利用、现代化矿山建设、矿地和谐与企业文化形象等绿色矿山考核指标要求，形成主要行业全覆盖、有特色的绿色矿山标准体系。推动新建矿山按照绿色矿山标准进行规划、设计、建设和运营管理；对于生产矿山，各地要结合实际作出全面部署要求，积极推动矿山升级改造，逐步达到绿色矿山建设要求；选择绿色矿山建设进展成效显著的县或市，建设一批绿色矿业发展示范区；树立绿色环保勘查理念，严格落实勘查施工生态环保措施，切实做到依法勘查、绿色勘查，减少地质勘查对生态环境的影响。二是加大政策支持，加快建设进程。实行矿产资源支持政策；保障绿色矿山建设用地，从年度计划、新增采矿用地取得、存量用地使用等方面，支持和保障绿色矿山企业和示范区转型发展的用地需求；加大财税政策支持力度，从统筹中央地方财政资金安排、实施高新技术企业税费减免等方面，加大对绿色矿山的支持；创新绿色金融扶持政策，从实施扶持性绿色信贷、支持上市融资、构建征信体系等方面加大支持。三是创新评价机制，强化监督管理。四是落实责任分工，统筹协调推进。

砂石资源矿山企业应遵守国家法律法规和相关产业政策，认真执行环境影响评价制度、环保“三同时”制度、排污许可制度，依法取得采矿许可证。这些相关的法规、产业政策，既是建设绿色砂石矿山必须坚持的底线，也是企业应尽的义务。

遵循因矿制宜的原则，实现砂石资源开发全过程的资源利用、节能减排、生态环境保护与修复、企业文化和企地和谐统筹兼顾全面发展。在砂石资源开发过程中，实施科学有序的开采，对矿区及周边生态环境的扰动控制在可控范围内，做到矿区环境优美，实现开采方式科学化、管理信息数字化和矿区社区和谐化，落实各项污染物达标排放。

2.4.3 节能环保

近年来，我国建材工业规模不断扩大，结构逐步优化，创新、绿色和可持续发展能力明显增强，对经济社会发展和民生改善发挥了积极作用。其中，砂石行业作为主要建筑材料行业，发展尤为迅速。“十三五”期间，机制砂石已占建设用砂石总量的近70%，但行业的高速发展仍然存在很多突出问题：产业集中度偏低，超大型、大中型砂石矿山的数量较少，仅占全部砂石矿山的5%；小型矿山占比接近85%，普遍存在资金投入不足、生产自动化程度不高、环保措施不到位、绿色发展水平低、矿山复垦和生态修复欠账多的问题，很大一部分企业还存在粉尘、废水超标排放的问题，与行业实现高质量发展和达到国家绿色低碳发展的总体要求还存在较大差距。

为了推动砂石行业高质量发展，2019年11月11日，工业和信息化部与国家发展改革委、自然资源部、生态环境部等十部门联合发布《关于推进机制砂石行业高质量发展的若干意见》，针对机制砂石行业提出了具体的发展目标，明确机制砂石企业要坚持绿色低碳循环发展，按照相关规范要求建设绿色矿山；力争到 2025 年形成较为完善合理的机制砂石供应保障体系；培育 100 家以上智能化、绿色化、质量高、管理好的企业。2019 年 12 月 17 日，自然资源部还下发了《关于探索利用市场化方式推进矿山生态修复的意见》，解决矿山生态修复历史欠账多、现实矛盾多、投入不足等突出问题。意见的及时出台，进一步加快推动了我国非金属砂石行业的高质量发展。

为了更好地发挥矿山生态修复的激励作用，在保护绿水青山的同时，促进社会经济的高质量发展，应该对废旧矿山进行整合提升整治，按国家绿色矿山的高质量标准进行建设，实现资源的高效利用。矿山整合生态修复应遵循以下原则：一是绿色开采，实现资源的综合利用、循环利用和污染零排放。二是动态复绿、生态修复与环境再培养相结合，建设“花园式矿区”。三是技术自动化、管理信息化，实现地质矿产资源储量利用的精准化管理。四是因地制宜，按宜农则农、宜耕则耕、宜景则景的治理模式，实现土地集约，产城联动。

随着我国矿山资源整合趋势的发展，“规模小、数量多、效率低”的传统模式将会被淘汰，现有砂石矿企需要以绿色矿山高质量建设为契机，加快节能环保的全过程应用。

2.4.3.1　开采及生产资源高效利用措施

砂石矿要以绿色开采为总体要求，结合清洁生产以及绿色仓储技术，实现源头和过程的绿色化，杜绝传统粗放的开发模式和生产方法，加大科技投入力度，提高资源化利用水平。通过技术手段，提高科技装备水平及单位生产效率，对于生产过程中产生的边角料进行资源化利用。如对矿层夹石或伴生资源应在前期做好综合勘查，优化开采和利用方案，以优质优用、梯级利用为原则，提高综合效益为总目标。开采过程中产生的表土和渣土，可用于矿区环境治理、管沟回填、地貌恢复、土地复垦等；砂石料生产废水中的泥沙，应采取泥沙分离工艺，分别资源化利用；石粉收集后可用于生产水泥、混凝土，泥粉用于生产新型墙体原材料或其他建设材料等。

2.4.3.2　节能与能源高效应用措施

根据国家推进能源发展绿色低碳转型的要求，我国能源供能方式也向绿色高效、安全稳定、贴近用户、就地取材的方向转变，砂石矿业需要建立能源低碳应用布局方案，建立全流程的能耗监测和核算体系；利用物联网、信息化和自动化技术管理系统，达到节能、省电、省钱的目的。

如何合理规划，降低矿山开采、砂石骨料加工过程中的能源消耗，实现节能、节电与经济效益的统一，是每一家矿山企业必须重视和抓好的问题，做好矿区在生产过程中的节能降耗，直接关系到企业的生产效益。例如，选用先进的节能高效工程机械，一次投入长期受益；在自动化运行系统中，增加能量回收系统，对于落差较大的矿区，可以使用势能发电技术来节约电能；在矿山开采过程中进行重力势能的持续回收，提高能量循环利用效率。例如，矿料在自上而下的输送过程中，随着传送带上的矿料增多，矿料本身的重力沿传送带的分力逐渐增大，使传送带拉动滚筒加速旋转，这样重力势能就可以通过滚筒驱动发电机回收发电；另外，在开采工艺的选择上，应采用新型爆破技术和爆破能量增效措施；根据不同矿区的自然条件，可以选择太阳能、风能、地热能等能源，实现多能互补；推进运输环节规划及交通工具的绿色低碳化。例如，从矿区到转运站架设封闭式管道或采取新能源运输工具等；此外，矿区还可以使用光电转换技术实现 LED 全自动照明及生活用电的供电，有条件的企业还可以充分运用生物质能作为矿区的补充能源，用于供热或食堂供气等。总之，需要采取综合配套的措施和手段，形成全局化的矿区高效能源应用模式。

2.4.3.3 砂石矿污染防治和生态保护措施

矿山环境是指采矿活动影响到的大气环境、地表水环境、地下水环境、声环境、土壤环境、生态环境等环境要素的集合，砂石矿开采对环境的影响，具有污染影响型和生态影响型两种。

砂石矿生产中的污染防治措施，主要是在砂石开采和生产过程中，采取相应措施对废气、废水、噪声、固体废物进行治理，防止其对环境造成污染或降低对环境的影响。同时，结合新技术在矿山生态环境监测中的应用，总体上形成环境保护管控体系，通过对污染源和生态环境的监测，准确、及时、全面地反映环境质量现状及生态影响发展趋势，为矿山环境管理、控制及污染源监管提供科学依据。

在开采过程中，采取新爆破工艺，如微差爆破技术、电控能量集中释放技术等，同时选择全自动化水雾增湿除尘、声波雾化降尘、磁化水降尘、预荷电高效喷雾降尘等技术，可有效减少开采过程中产生的粉尘；在生产过程中，建立全封闭加工厂，内部配备高效粉尘收集系统；矿区不设置露天料场，料场装卸全部在封闭环境下进行，以杜绝大气污染；对于废水的治理，在开采过程中，做到循环再利用不外排，同时还可以将矿坑积水、截留雨水作为补充，矿区生活用水经无害化处置后可用于矿区绿化。

在矿石开采过程中通过选用低噪声设备，在设备上加装阻尼材料、隔震材料、消声器等，减小噪声源的声压级；同时，矿区加强与周边村庄或居民区的隔离带建设，并对生产和运输时间进行合理安排，避免扰民；采取全封闭装有隔声材料的骨料加工厂车间，最大限度地减少生产过程中产生的噪声影响。对于矿区和生活区的工业固体废物、危险废物和生活垃圾，要设置专门的封闭式存放场所并加以标识，做到源头管控、过程治理，采取系统化、流程化的处置措施。

针对开发、开采矿产资源可能破坏植被、影响生物生存环境、给区域物种多样性带来隐患的问题，可以对矿区所处生态环境进行长期监测，有效治理和改善矿区及附近地区的生态环境，为生物的生存和发展提供正常的空间。

总体而言，我国非金属砂石矿业节能环保技术的高效应用和处理好砂石矿业开发、生产与生态保护之间的矛盾，是砂石行业高质量发展的必然要求，也是生态文明建设的需要。

通过对砂石矿企实施节能减排、清洁生产，环境保护工作的专业化、标准化、绿色化、工业化、集约化、数字化、智能化，以及在开采和生产过程中注重生态平衡、企地和谐等措施，砂石开采与生产实现污染源排放达标率 100%，生产用水综合利用率 100%，生活污水处理及无害化率 100%、固体废物无害化处置率 100%，可复垦面积生态恢复率 100%。

2.4.3.4　物料的运输及配载

（1）矿山运输

矿山运输按运输设备划分为有轨运输（如矿井机车运输、钢丝绳运输）、无轨运输（如矿用输送机运输、水力运输和架空索道运输）。按运输方式划分为轨道运输、机车运输和公路运输。

轨道运输在露天矿场的运输中占有重要地位，主要设备有轨道、矿车、牵引设备和辅助机械设备等。

机车运输是用机车牵引着一列矿车在轨道上运行，它是水平巷道长距离运输的主要方式，在露天矿场应用也很多。矿用机车按使用动力的不同分为电机车和内燃机车两种。绝大多数矿山使用的是电机车，而在井下使用内燃机车时，排放的废气必须经过净化处理，符合排放标准。

公路运输是露天矿场采用较多的运输方式，在运输过程中矿物易抛撒、扬尘多，运输车辆废气排放量大、运输能耗大，极易导致矿区无组织源排放不达标。

砂石开采矿山多利用竖井、溜井、平硐等，能够大幅节约能源，降低运输成本，减少环境污染。矿山企业在设计阶段应从建设投资、运行成本、节能环保等多角度综合平衡，择优选定运输方式和设备。

（2）砂石产品运输

2019 年 11 月 4 日，工业和信息化部、国家发展和改革委员会等十部门联合发布《关于推进机制砂石行业高质量发展的若干意见》，提出“加强运输保障。推进机制砂石中长距离运输‘公转铁、公转水’，减少公路运输量，增加铁路运输量，完善内河水运网络和港口集疏运体系建设。在充分利用铁路专用线、城市铁路货场和岸线码头运输能力的同时，推进铁路专用线建设，对年运量 150 万 t 以上的机制砂石企业，应按规定建设铁路专用线。有序发展多式联运，加强不同运输方式间的有效衔接，大力发展集装箱铁公联运，切实提高机制砂石运输能力。加快建设封闭式运输皮带廊道，逐步减少散货露天装卸量。利用信息化手段对砂石运输实现全程监管，构建绿色物流和绿色供应链。加强运输车辆检测，防止超限超载车辆出场（站）上路”。

另外，砂石骨料生产与建筑垃圾的再生处理都属于建材加工业，物料破碎、筛分等工艺相同，使用的主要设备一致，生产的产品类似。因此，建筑垃圾再生处理厂的建设和布局可考虑两者的相似性，充分依托已有砂石骨料生产线的场地和设备，实现两种生产线的融合。显然，城市建设中产生的建筑垃圾需外运，砂石骨料作为重要的基础建筑材料需内运，大量载重车辆往返于砂石生产厂家和建筑工地之间，可充分利用互联网大数据实现运输车辆的有效配载，减少车辆的空载率。这样既节约了运输成本，提高了企业效益，又实现了砂石骨料生产行业的节能环保和绿色发展目标。

2.4.3.5 雨水的收集与利用

砂石骨料生产线应该有计划地设计、建设雨水的收集和截留系统。可以从景观协调、美观的角度，把雨水蓄存池建设为大型景观水体。收集的雨水可作为生产或辅助生产用水，也可用作景观用水。

砂石骨料生产用水主要是设备冷却水、湿法脱泥用水或物料堆存降尘用水，对水质要求都不高。地面收集到的雨水含有冲刷地面携带的颗粒物、悬浮物等，对生产工艺影响较小。因此，砂石骨料生产企业，可建设雨水收集利用系统，雨水管渠可采用截留式雨水管，即雨水通过截留排入简易的初期雨水处理系统，经过混凝、沉淀等处理回用到生产系统或降尘环节。

2.4.4 废物资源化利用

2.4.4.1 建筑垃圾的再生利用

改革开放以来，我国建筑行业经历了高速发展的阶段，各类建筑也更新换代。在一系列的新建、改建和拆除过程中，不可避免地产生了大量的建筑垃圾，基础建设的可持续发展与原材料资源短缺的矛盾日益突出。

早在 1946 年，苏联专家提出了建筑垃圾再生利用的概念。随后国内外众多学者和专家围绕再生骨料混凝土的材料性能，进行了一系列基础性研究，主要包括再生骨料的基本性能、再生骨料的生产工艺、再生骨料混凝土配合比设计等。现在，美国已有超过 20 个州在公路建设中采用再生骨料，有 15 个州制定了关于再生骨料的技术规范。德国已有 500 多个工厂从事建筑垃圾的循环利用，其中，西门子公司采用的干馏燃烧工艺可高效分拣出建筑垃圾中的可再生利用成分；埃森市莱茵集团的混合垃圾分选系统，可将工地收集的建筑垃圾直接分选出可利用的资源。丹麦、荷兰、新加坡等国家也已经制定了关于建筑垃圾再生利用的指南，并且收效显著。丹麦在传统管理手段与各种经济手段相结合的基础上建立了固体废物综合系统。近年来，国内专家学者也在这方面开展了一些基础性研究。一些省市陆续出台了鼓励建筑垃圾再生利用的政策。

（1）北京市公开征求建筑垃圾管理相关文件意见及出台相关文件

2020 年 1 月 2 日，北京市城市管理委员会网站发布公告，对《北京市建筑垃圾管理办法（草案送审稿）》公开征求意见。北京市朝阳区出台了《朝阳区推进建筑垃圾资源化处置工作实施意见》，意见明确提出，项目建设单位在实施拆违、棚改、危改项目中产生的建筑垃圾均要进行资源化处理，并在建设施工时鼓励优先选择再生建材。

（2）天津市蓟州区大力推进建筑垃圾治理试点工作

一是建立健全工作制度。编制完成《蓟州区建筑垃圾处理专项规划》，围绕建筑垃圾源头管理、现场管理、运输管理、规范处置等方面，制定出台了《蓟州区建筑垃圾管理办法（暂行）》《蓟州区建筑垃圾治理工作联席会议制度》《蓟州区城区建筑垃圾临时处置场管理办法（试行）》等规章制度 20 余项。

二是完善建筑垃圾处理运行体系。投资 90 余万元，建成建筑垃圾数字化运行监管信息系统，实现常态化运行，建筑垃圾安全处置率达到 100%。

三是高质量完成存量建筑垃圾治理。

四是加强零散建筑垃圾治理。

五是积极推广新型智能环保建筑垃圾运输车。

六是加强建筑垃圾治理联合执法。

（3）河北省加强建筑垃圾管理和资源化利用工作

2019 年 7 月 25 日，河北省住房和城乡建设厅、省发展和改革委员会、省工业和信息化、省自然资源厅、省生态环境厅联合印发《关于加强建筑垃圾管理和资源化利用工作的指导意见》，提出通过建立健全政策引导、市场推动、社会参与的长效推进机制，形成布局合理、制度完善、技术先进、全程可控、利用高效的建筑垃圾管理和资源化利用体系，推动建筑垃圾处理能力明显增强，资源化利用水平进一步提升。到 2020 年，河北省城市建筑垃圾资源化利用率达到 20%以上；到 2025 年，达到 50%以上。

鼓励各地通过特许经营、投资补助、政府购买服务等多种方式，引导社会资本投资建筑垃圾资源化利用和处理项目，政府依法选择符合要求的经营者。按照要求重点培育一批技术装备先进、能源消耗低、环保安全达标、资源化利用程度高的骨干企业，发挥示范带动作用。在政府投资的市政基础设施建设、海绵城市建设、房屋建设中，优先使用符合质量标准或取得绿色建材标识的再生产品。

（4）广东省和深圳市制定了相关办法及标准

为进一步规范建筑废弃物跨区域平衡处置工作，加强对建筑废弃物的管理，实现建筑废弃物城际资源优化配置，结合建筑废弃物管理工作实际，广东省住房和城乡建设厅规范性文件《广东省住房和城乡建设厅关于建筑废弃物跨区域平衡处置协作监管暂行办法（试行）》，于 2020 年 1 月 1 日起施行。深圳市为进一步推进建筑废弃物排放减量化、处置资源化、管理规范化，深圳市住建局编制发布《建设工程建筑废弃物排放限额标准》（SJG 62—2019）和《建设工程建筑废弃物减排与综合利用技术标准》（SJG 63—2019），在全国范围内首次提出建设工程建筑废弃物排放限额指标，明确建筑废弃物减排与综合利用技术措施。

（5）安徽省 2020 年省辖市建筑垃圾资源化利用率计划达到 70%以上

安徽省鼓励各县（市）积极建设建筑垃圾资源化利用设施，逐步提高资源化利用率。到 2020 年，省辖市建筑垃圾资源化利用率计划达到 70%以上，各县（市）建成资源化利用设施，资源化利用率达到 30%以上。

（6）贵州省 2020 年建筑垃圾资源化利用率达到 30%以上

在贵州省政府办公厅印发的《关于加强建筑垃圾管理促进资源化利用的通知》中，明确到 2020 年，各市（州）、贵安新区建筑垃圾资源化利用率达 30%以上。与此同时，要将符合标准的建筑垃圾再生产品列入绿色建材推荐目录、政府采购目录，明确政府投资项目（如国家机关办公建筑，政府投资的学校、医院、博物馆、科技馆、体育馆以及城市市政公用基础设施项目）必须优先采用建筑垃圾再生产品。

（7）河南省郑州市 2020 年中心城区建筑垃圾利用率要达到 70%

郑州市人民政府印发《郑州市建筑垃圾治理试点工作实施方案》，其中提到要在 2019 年组织实施建筑垃圾专项规划，选址建设资源化利用项目，完善建筑垃圾处置收费、再生产品推广应用等相关政策，中心城区建筑垃圾增量资源化利用率达到 65%，存量消纳治理率达到 100%。2020 年建筑垃圾减量化排放、规范化运输、资源化利用体系基本完善，中心城区建筑垃圾资源化利用率达到 70%。

（8）陕西省西安市力争 2020 年年底前建筑垃圾资源化利用率达到 70%以上

陕西省西安市政府下发《加强建筑垃圾资源化利用工作的实施意见》，提出在“十三五”期间，西安市将合理规划布局建设6～8处建筑垃圾资源化处置利用厂。到2020年年底前，西安全市建成区的建筑垃圾资源化利用率达到70%以上；2022年年底前，全市建成区的建筑垃圾资源化利用率达到80%以上。意见要求，将拆迁垃圾经过破碎、分拣等技术工艺，生产成为再生产品（再生骨料、再生预制品等），代替天然砂石，用于路基填充、房屋建设、市政基础设施建设等。

（9）海南省海口市2020年建筑垃圾资源化利用率不低于70%

《海口市建筑垃圾管理和资源化利用实施方案》规定海口市要实施建筑垃圾资源化利用产品的强制使用制度，明确建筑垃圾再生产品使用的范围、比例和质量等要求。提出到2020年，海口市建筑垃圾资源化利用率不低于70%，并逐年提高。

根据该实施方案，海口市建筑垃圾的处置实行“减量化、无害化、资源化”和“谁产生谁付费”的原则，并积极推行建筑垃圾收集运输和处置市场化运作模式，从事建筑垃圾资源化利用活动的单位或者个人，按规定享受国家、海南省规定的有关资源综合利用、再生资源增值税等财税、用电优惠政策。

（10）吉林省长春市实施《城市建筑垃圾管理办法》

《长春市城市建筑垃圾管理办法》由2019年12月25日长春市政府第42次常务会议审议通过，自2020年3月1日起施行。该办法的第十六条提到，市、区人民政府应当在产业、财政、金融、土地利用等方面对建筑垃圾资源化利用给予扶持，鼓励和引导社会资本参与建筑垃圾资源化利用项目，鼓励和支持建筑垃圾资源化利用产品的研发和生产。

（11）浙江省宁波市要求各地着力培育建筑垃圾资源化利用骨干企业

根据《宁波市建筑垃圾资源化利用工作指导意见》，要求各地着力培育建筑垃圾资源化利用骨干企业，重点培育1～2家规模化建筑垃圾资源化利用企业作为重点扶持对象。会同市建筑垃圾资源化利用督导组，召开全市建筑垃圾资源化利用任务部署及考核工作会议，把任务列入年度考核指标，确保这项工作不落空。成立建筑垃圾资源化利用产业联盟，涵盖建筑、设计、园林绿化、建筑垃圾资源化利用等领域企业30多家。

（12）江苏省南京市颁布《南京市建筑垃圾资源化利用管理办法》（政府令　第331号）

“第六条　市、区人民政府和江北新区管理机构制定建筑垃圾资源化利用的扶持政策，引导社会资本参与建筑垃圾资源化利用项目，逐步提高建筑垃圾资源化利用水平。

第七条　鼓励高等院校、科研机构、企业事业单位开展建筑垃圾资源化利用的科学研究与技术合作，开发、推广建筑垃圾资源化利用新技术、新材料、新工艺、新设备。”

（13）湖北省武汉市颁布《武汉市建筑垃圾管理办法》（武汉市人民政府令　第 294 号）

“第二十一条　本市建筑垃圾消纳场所建设实行特许经营，鼓励社会资本投资建设运营建筑垃圾消纳场所。”

“第二十四条　建筑垃圾排放区应当对建筑垃圾受纳区给予生态补偿，补偿费用主要用于建筑垃圾受纳区生态维护和修复。

建筑垃圾处置生态补偿办法由市城管执法部门会同市发展改革、财政部门制定，报市人民政府批准后实施。”

（14）湖南省发布建筑垃圾资源化利用十年规划

湖南省住房和城乡建设厅印发《湖南省建筑垃圾资源化利用发展规划（2020—2030）》，明确了湖南省建筑垃圾资源化利用发展方向与分阶段目标。到 2020 年，全省规划建设建筑垃圾资源化利用基地 37 个，建筑垃圾资源化利用率达到 35%以上；到 2025 年，全省规划建设相关基地 60 个，资源化利用率达到 70%以上；到 2030 年，全省规划建设相关基地 75 个，资源化利用率达到 85%以上。

（15）福建省漳州市发布《漳州市建筑垃圾管理办法》

《漳州市建筑垃圾管理办法》自 2020 年 10 月 1 日起施行。

“第七条　本市实行建筑垃圾源头分类制度。市人民政府应当制定建筑垃圾分类标准和分类方案，推进建筑垃圾分类工作。本市推广装配式建筑、全装修房、绿色建筑设计标准等新技术、新材料、新工艺、新标准，促进建筑垃圾的源头减量。建筑垃圾可以直接利用的，应当直接利用；不能直接利用的，应当进行综合利用或者无害化处置。鼓励资源化处置企业采用移动式设备现场处理建筑垃圾。”

“第二十四条　建筑垃圾的处置推行社会化服务，实行有偿收费；建筑垃圾处置费实行政府指导价，由市人民政府城市管理主管部门会同市人民政府物价部门制定。”

2.4.4.2　路面废料再利用

（1）沥青路面废料

李从军在《循环经济中的沥青路面回收材料再利用研究》一文中指出，改革开放以来，中国公路建设突飞猛进，在经济快速发展的带动下，全国公路里程越来越长，工程规模越做越大，工程质量越做越高，工程技术越做越先进。到 2019 年年末，中国公路总里程已达 501.25 万 km，其中，高速公路达 14.96 万 km，国道、省道 74.09 万 km，县乡以下公路超过 400 万 km。目前，新建与改（扩）建已经形成了庞大的筑路市场规模，筑路事业迅猛发展的同时，人地相争、开矿取石等也为自然环境保护带来了巨大的压力。由此可见，发展公路修筑材料的回收循环再利用显得尤为重要。

我国 90%以上的高速公路和大部分高等级公路均采用沥青路面，它是公路运输干线的主要路面类型。当路面损坏到一定程度时就要进行养护维修，由此将产生大量的废弃沥青铣刨料。我国目前拥有沥青路面 150 多万 km，每年产生的废旧沥青料高达 2.3 亿 t，受再生技术和设备的影响未能得到充分利用，造成了很大浪费和环境污染。同济大学交通运输工程学院自主研发的“废旧沥青混合料资源化常温再生利用成套技术与装备”，首次将废旧材料的零星尝试利用上升为高性能绿色路面材料，并已在多条高速公路上规模化应用，实现了具有完全知识产权、覆盖全产业链的重大完整技术创新。

早在 20 世纪 90 年代，中交西安筑路机械有限公司开始研究西欧和美国等发达国家和地区推行的“就地冷再生的施工工艺与装备”。但因为国内道路的特殊性和再生施工后路面质量等级降低等问题，该工艺没有大面积推广，只有零星的几条道路采取了此工艺。但该工艺进入中国市场后却打开了国内沥青路面回收材料再利用研究的大门，泡沫沥青、改性沥青、各种添加剂层出不穷，中国沥青路面再生循环利用研究得到迅速发展。党的十八大以后，国家把生态文明建设提升到战略高度，终结了筑路材料取之不尽、用之不竭的观念，筑路材料价格普遍快速上涨。基于中国公路沥青路面的回收再利用技术取得的长足进步，交通运输部颁布的《公路沥青路面再生技术规范》（JTG/T 5521—2019）已于 2019 年 11 月 1 日正式执行，这说明我国已经初步具备了系统性的沥青路面材料循环利用的技术和设备基础。

（2）水泥路面废料

水泥混凝土路面具有强度高、刚度大、扩散荷载能力强和稳定性好的特点，与沥青混凝土相比，水泥混凝土施工简单、取材方便、性能价格比好，因此，20 世纪时在我国的部分高等级公路、干线公路，尤其是地方道路施工中得到了广泛的推广和应用。但有些早期修筑的水泥混凝土路面，由于设计、材料、施工技术、施工管理和质量控制等，在投入使用 3～5 年后就出现了大量的早期破坏情况，且随着使用年限的增加，有些路面损坏相当严重，已经达到了需要大修、中修的程度。水泥混凝土路面一旦大修，势必会产生大量的路面废料。

为节约天然砂石料的用量，推进路面废料的综合利用、再生资源的回收利用，路面维修工程中多地采用了水泥砼路面碎石化技术，该技术是利用多锤头破碎机将大面积受到破坏已失去整体承载能力的旧水泥混凝土路面板块，破碎成较小粒径，碾压后作为路面的基层或底基层，再加铺新的面层。尽管有些指标不能与天然材料完全一致，但再生集料已具备了普通集料的性状和基本的路用性能，可在道路工程建设中得到充分利用，大大减少了天然砂石的使用量。

2.4.4.3 尾矿尾砂的利用

我国是一个矿业大国，每年产生矿业固体废物量大约 12 亿 t，这些废料多在废石场、尾矿库储存。这些废石、尾矿不仅占用了大量土地，而且存在污染矿区和周围环境的风险。近年来，这些废料已广泛应用在水泥、水泥制品和墙体材料的生产中，尤其是配制商品混凝土，用于铺路基、基础垫层或多类型建筑工程中，不仅避免了大量的天然砂石的开采，而且消除了无序堆存带来的环境污染隐患。

京津冀及周边地区（北京市、天津市、河北省、山西省、内蒙古自治区、山东省）是我国重化工业集中的重点区域，也是产生工业固体废物的区域。2014 年京津冀及周边地区产生大宗工业固体废物（含废石）23.7 亿 t，其中，北京市 0.5 亿 t，天津市 0.2 亿 t，河北省 15.7 亿 t，山西省 2.7 亿 t，内蒙古自治区 2.8 亿 t，山东省 1.8 亿 t，仅河北省承德市尾矿库就达到 867 座，尾矿存积量近 22 亿 t；大量工业固体废物堆存，不仅造成了资源的浪费，而且给区域生态环境带来了巨大压力。

近年来，已出现采用铁矿尾矿和废石生产砂石骨料的先进技术。由北京科技大学联合首钢集团及其他生产建设单位研发的砂石料替代技术，100%采用铁矿尾矿和废石生产高质量建设用砂和混凝土粗骨料，并用来配制预拌泵送混凝土和高强高性能混凝土预应力构件。目前，采用铁矿的尾矿和废石制备建设用砂石骨料在北京地区已取得初步成功。

相比开采矿山取得的砂石料，使用尾矿和废石所生产的砂石料可大幅降低混凝土中水泥熟料的用量、提高混凝土性能。有检测结果表明，尾矿和废石骨料筒压强度可达到一级。

2.5 高质量发展实践

2.5.1 北京首个建筑砂石绿色基地

2020 年 3 月，北京市住房和城乡建设委员会等八部门联合发布《关于建设建筑砂石绿色基地的函》，指出要根据废石尾矿资源禀赋情况，统筹考虑废石尾矿的综合利用和矿山修复，排除安全隐患，促进绿色发展、生态修复和产业转型升级，打造全国矿山修复、综合治理的标杆示范企业。加大监督管理力度，采取有效措施，防止非法开采矿产资源现象的发生，保证废石尾矿来源的合法性，杜绝利用矿山修复的名义非法开采。北京威克冶金有限责任公司（现名为密云冶金矿山公司）在废石尾矿资源综合利用的过程中，因符合绿色生产和运输要求，北京威克冶金有限责任公司矿区被授予“北京市建筑砂石绿色基地”称号。

北京威克冶金有限责任公司（以下简称威克公司），位于北京市密云区巨各庄镇境内，现有职工 1 000 余人，建筑砂石骨料年产能达 1 000 万 t/a。2006 年第一条自主研发设计建设的砂石骨料生产线成功运行，2012 年尾矿全处理生产线全面建成，威克公司成功实现了矿山的全无废化生产（图 2-1）。威克公司“着力打造生态矿山、实现采矿无废化生产”项目荣获北京市第二十二届“企业管理现代化创新成果一等奖”，并先后获得“首批国家级绿色矿山”“首都绿化美化花园式单位”等多项荣誉称号，是北京市最大的矿山固体废物资源综合利用和矿山行业循环经济的示范企业。

a. 砂石生产线俯瞰图　　b. 企业建矿理念

c. 矿区景观　　d. 砂石产品集装箱火车外运

图 2-1　威克公司厂区

威克公司作为首都地区唯一的国家绿色矿山试点单位和砂石骨料加工的龙头企业，是北京市建筑行业重要的优质砂石骨料供应基地。其利用尾矿废石加工的砂石骨料，对保护生态环境和保障北京市建设工程质量发挥了重要作用。

据了解，北京市建筑用砂石骨料每年需求量约 1.8 亿 t，为了保证首都砂石骨料供应，北京市多部门曾多次和中国砂石协会召开会议，研讨在环京地区建立绿色砂石骨料供应基地；2019 年 8 月 10 日，中国砂石协会组织国内砂石与混凝土行业专家，在北京市密云区召开了“首都绿色砂石生产基地建设研讨会”，专家们一致认为，威克公司从矿山开采到砂石骨料加工，各工序严格控制粉尘排放，实现高效收尘，达到国家和地方标准；生产用水循环使用，做到零排放；在绿色矿山建设、植被恢复、动植物多样性保护等方面成效显著，是全国砂石骨料行业践行“绿水青山就是金山银山”理念的示范企业。

2019 年 11 月 14 日，中国砂石协会与北京国建联信认证中心有限公司组织行业专家和专业评审到威克公司进行砂石骨料绿色生产与绿色运输评价认证。威克公司是砂石骨料行业第一个申请绿色生产与运输认证的企业，对推动砂石骨料行业绿色发展、建设大型绿色砂石骨料供应基地具有里程碑式的意义。

作为业内领跑企业，为贯彻《北京市打赢蓝天保卫战三年行动计划》要求，威克公司与北京公铁绿链多式联运股份有限公司（以下简称公铁绿链）开展了深度合作。自 2019 年 9 月开始，公铁绿链在威克公司矿区陆续投入了 45 辆纯电动重卡进行砂石绿色运输，截至目前，已实现 60 余万 t 的砂石运输量，依照各政府职能部门要求及双方合作计划，公铁绿链在 2020 年将完成 200 辆纯电动重卡的运输投放，实现威克砂石全部产能 100% 绿色化运输。

2.5.2 矿山修复后再利用

1959 年，天马人民公社在海拔近 20 m 高的小横山设立采石场。随着城镇建设和经济发展的需要，石材需求量与日俱增，开挖面积不断扩大，最终形成了 80 多 m 的深坑。

2009 年，上海佘山世茂洲际酒店矿坑修复建设工程正式启动；2013 年 3 月，深坑酒店正式动工；2013 年 10 月 21 日，坑壁和坑底岩石进行了首次爆破；2016 年，酒店主体结构封顶；2018 年 11 月 15 日开张迎客。

世茂集团充分利用了深坑的自然环境，极富想象力地建造一座五星级酒店，整个酒店与深坑融为一体，相得益彰。佘山世茂洲际酒店结合深坑的地理特点、深坑内的景色变化、岩层变化特点及奇观体验的需求，酒店为深坑排布了一个专属且独特的设计故事“地心奇遇”。

图 2-2　上海佘山世茂洲际酒店外景

2.5.3　矿石长皮带输送工程

华润水泥（封开）有限公司（以下简称华润水泥）40 km 长胶带输送工程位于广东肇庆市封开县，起始于河儿口镇双规村，终止于长岗镇都苗村，全长 39.3 km，输送廊道为两条并行，每条输送能力为 2 500 t/h。该输送廊道是封开水泥基地的生命工程，可满足华润水泥 6 条 5 000 t/d 水泥熟料生产线所需石灰石用量。廊道沿线地形、地质特别复杂，沿线大多为沙性土，雨后流动性大，水土保持难度高。近 40 km 的输送廊道，输送距离长，地表高差大，地形起伏从 50 m 到 230 m 不等。

建设之初华润水泥为减缓皮带廊道坡度而选择"开山辟地"，最大限度地保护了植被，决不拿"绿水青山"换"金山银山"，为运输材料修建的百公里山路也成为当地农民的"幸福路"。这条投资 13 亿元建设的皮带廊道甚是壮观，登高望去，目之所及，全是山丘田野、果园茶园，沿线风景独好。

皮带每秒运行速度为 4.95 m，也就是说，从石灰石上带到落地，随着皮带廊翻山越岭，需要 2.5 h。按照设计，每条皮带运载能力为 2 500 t/h，这两条皮带可以保障 8 条 5 000 t/d 生产线的石灰石供给，每年石灰石运输成本降低几亿元。

图 2-3　华润水泥皮带廊工程

2.5.4 废弃采石场的开发

20 世纪 70 年代，重庆渝北矿山是采石场，后来逐渐被废弃。经过多年的开采，采石场内形成了多个深 100 m 左右的矿坑。雨水在坑中汇集，长期积水对矿坑岩石的溶解作用使水的颜色渐渐变成了翡翠色、湛蓝色等，并造就了碧水、峭壁、深潭的奇妙景色。昔日满目疮痍的矿坑，蜕变为独具特色的坑塘湖，湖水清澈碧绿，四周群山寂静，人迹罕至。目前，这一区域正在开发，与世隔绝的采石场将开发成矿山公园，成为美不胜收的旅游景区（图 2-4）。

图 2-4 重庆渝北矿山公园

2.5.5 矿石下山“巧”发电

甘肃酒泉钢铁（集团）有限责任公司西沟矿（以下简称西沟矿）位于嘉峪关市西南约 43 km 处的祁连山麓，属于中型现代化露天石灰石矿。西沟矿现有 A、B 两条胶带运输线，其中 A2-A6、B2-B6 属于长距离、重负荷的下行运输胶带，全程运输距离 12 000 m，下行高差在 900 m 左右（图 2-5）。近年来，西沟矿通过采用新技术，不断攻坚克难，实现胶带机势能回馈发电，取得了良好的经济效益和社会效益。

西沟矿胶带运输系统

西沟矿电磁站变频控制柜

图 2-5 甘肃酒泉钢铁（集团）有限责任公司西沟矿

西沟矿采用四象限的回馈制动单元的变频控制技术，即电能回馈系统。当下行胶带输送矿石重力的分力大于胶带机本身运行的摩擦力，电机转速超过其本身的同步转速时，电机将反馈发出电能并产生制动力，以限制电机转速的持续升高，即将矿石下山的势能通过电机转化为电能并反馈给内部电网，供矿山其他设备使用。该项技术不仅能够精确地控制胶带机的启停、制动等，使胶带机安全、平稳运行，提高设备使用寿命，同时又可以产生可观的电能，以近乎无谐波的方式实时回馈电网。

经过多年的生产实践，西沟矿进行有针对性的技术攻关，通过对胶带启停顺序、启停时间的优化，矿石流量的监测，破碎机排矿口尺寸的调整，破碎及给料设备技术参数的优化，胶带重负荷及空转运行时间的管理，电磁站变频控制设备升级改造等一系列措施，使得整个胶带系统运行安全高效，发电量均衡稳定。

西沟矿充分利用矿山自然地形高差，合理开发清洁电能，每年可以发电约 55 万 kW·h 并回馈至矿山内部电网，进一步加强了节能减排、降本增效的目标管理，力争把西沟矿建设成为绿色智能示范矿山。

2.5.6　百年矿区的转型

辽宁省阜新市新邱区是阜新百里矿区挖出第一锹煤的地方，在贡献了近 1.4 亿 t 煤炭后，随着煤炭资源枯竭，三大国有煤矿破产转制，至 2018 年 12 月，辖区内所有私人小煤矿关闭退出，新邱人赖以生存的煤炭采掘业终结。而百余年的煤炭开采给新邱区留下了 1 座露天矿坑、2 座煤矸石山。

在破解废弃矿山综合治理和资源枯竭型城市经济转型这道世界性难题的道路上，作为全国首个资源枯竭型城市经济转型试点城市，阜新克难奋进 19 年，取得了重大阶段性成果。利用煤矿废弃矿坑建设汽车越野赛道，是贯彻落实新发展理念，创新思维、勇于实践，推进矿山综合治理所作出的积极探索，为阜新市工业遗产的再开发、再利用开创了新的发展模式，实现了环境保护与废弃资源开发利用有机结合，创造了良好的经济效益、社会效益和生态效益。

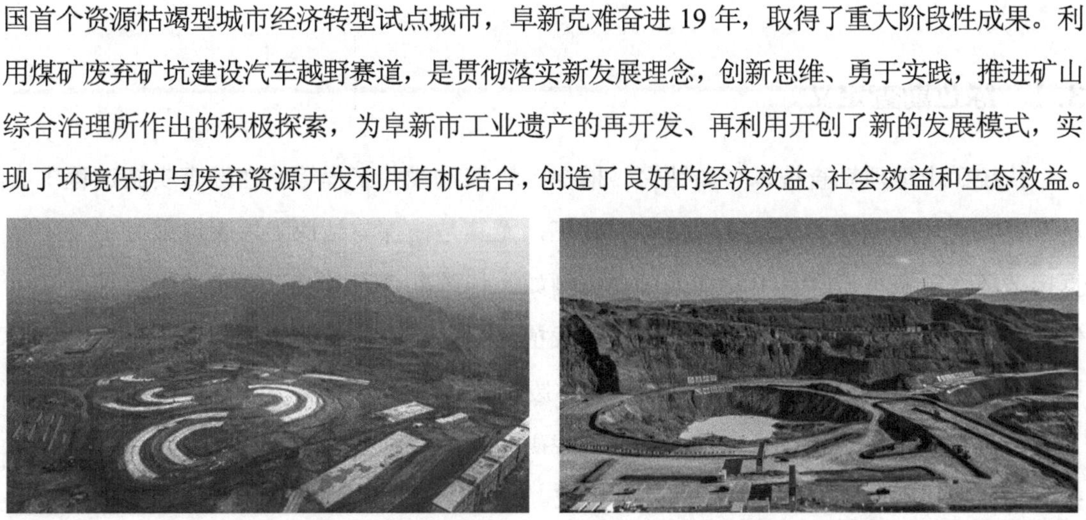

图 2-6　阜新国际赛道城（摘自阜新微报）

第3章　砂石矿山绿色勘查

目前，在我国勘探开发的10.7万座金属和非金属矿山中，砂石矿山约有2.65万座，占比近1/4。在砂石矿山中，大中型矿山占比为16%；小微型矿山占比为84%，以小、微型矿山为主。近几年，全国砂石矿山供给结构得到了改善，单个矿山的生产规模不断扩大，大中型乃至年产量千万吨级的超大型砂石矿山数量稳步增加，小微型砂石矿山在加速减少；砂石企业也呈现出规模化发展趋势，“沿江、沿海”和长三角等地为大型砂石企业重点布局区域，这些区域的砂石矿山尤其是大中型矿山已成为大型砂石企业争夺的焦点，供不应求。

《关于印发〈关于促进砂石行业健康有序发展的指导意见〉的通知》（发改价格〔2020〕473号）中明确指出，“统筹资源禀赋、经济运输半径、区域供需平衡等因素，积极有序投放砂石采矿权，支持京津冀及周边、长三角等重点区域投放大型砂石采矿权，增加砂石矿山开采。”为保证砂石供应，顺应砂石行业规模化发展形势，满足砂石行业健康有序的发展要求，未来势必将加大对砂石矿的勘查力度。

3.1　绿色勘查定义

传统矿山地质勘查技术（如钻探、槽探、坑探及浅井工程等）在勘查实施过程中会对地表生态环境造成不同程度的扰动和破坏，尤其是槽探与钻探工程表现最为明显，会直接破坏地表植被，容易引发水土流失。例如，传统勘查设备过于笨重，修建设备搬运便道、临建工区都会扰动地表，碾压或砍伐植被；勘查设备用油的“跑冒滴漏”现象都可能造成土壤污染；勘查过程中产生的固体废物也会对环境造成一定的影响。

绿色勘查是符合环保要求且能够达到找矿效果的一种勘查新措施或新方法，是实现找矿和环保“双赢”的一套全新的勘查模式。

2018年6月，中国矿业联合会发布了《绿色勘查指南》（T/CMAS 0001—2018），明确绿色勘查是以绿色发展理念为引领，以科学管理和先进技术为手段，通过运用先进的勘查手段、方法、设备和工艺，实施勘查全过程环境影响最小化控制，最大限度地减少对生态环境的扰动，并对受扰动生态环境进行修复的勘查方式。

2019 年 12 月，自然资源部发布了《绿色地质勘查工作规范（征求意见稿）》，其中对绿色勘查定义为，“以绿色发展理念为指导，通过运用高效、环保的方法、技术、设备等，在地质勘查各方面和全过程中避免、减少或控制对生态环境的影响，实现地质勘查目的和生态环境保护协同共进的新勘查模式。”

3.2　绿色勘查技术

本书在收集和总结国内外先进绿色勘查技术的基础上，提出了可在砂岩矿山勘查中应用的绿色勘查技术。

3.2.1　浅钻施工技术

浅钻施工用于明确岩性（标志层）、构造、可能矿（化）体及其倾角，通常设置 3 眼钻孔（呈三角形分布）或 5 眼钻孔（呈十字形分布）。

浅钻施工使用轻便式钻机、车装式钻机和履带式钻机。其中，车装式钻机机械化程度高，以汽车底盘为载体运输，具有机动、快速的特点。该设备主要适用于泥漠、砾漠景观区，以及河间平原、草原、农田等车辆可到达、覆盖层厚度小于 50 m 的地区。履带式钻机以履带底盘为载体运输，机械化程度较高，机动性能介于轻便式钻机与车装式钻机之间。该设备适用于沙漠景观区、河湖沼泽等车辆难进入、覆盖层厚度大于 30 m 的地区。

3.2.2　以钻代槽技术

以钻代槽勘查技术一般应用于地球物理、地球化学技术工作完成之后，采用的钻探设备占地面积小于 $6\ m^2$，施工过程对环境扰动小、无污染。该技术适合在地形陡峭的矿区坡底勘查，降低施工难度，减少地表扰动，取样的精准率也得到有效的提升。

轻便钻探机具能够拆分，钻机采用分体式设计，部件均采用人力搬迁，现场可快速组装，无须修路，搬迁过程对环境的扰动小，是难进入地区实施绿色勘探的重要设备，可以大幅减少勘查现场不必要的道路开拓修建，减少地质勘查工程量，保护勘查区的生态环境。近年来，浅钻取样方法基本取代了浅井、坑探工程的施工方法。

3.2.2.1 全液压轻便取样钻机

轻便取样钻机是根据多种岩土地层地区取样勘探需要而设计的一种实用轻型钻机，它可以利用汽油发动机（或电机、柴油机）作为动力，驱动液压系统工作以实现钻井功能。钻井时，液压泵一方面将高压液压油输送到动力头旋转液压马达，驱使钻杆、钻头回转，实现钻进；另一方面提升加压马达提供钻进所需要的压力。钻具在回转和压力的作用下不断向地层深处钻进。随着钻具向地下延伸，所需要的岩样不断进入岩心管内，当一根钻杆钻完时，将岩心管取出，就完成了一次取样。如此循环，实现全孔取样的作业。该钻机不仅可以采用清水及泥浆循环，还实现了空气冲击钻井取样，解决了野外无水取样作业的难题，扩大了使用范围，而且效率更高。动力站、操纵台和钻机主体为分体式设计，液压管路之间多采用快速接头相连，移动时系统可拆卸，既方便移动，又防止在移动过程中液压系统受到污染。

3.2.2.2 赣南钻

赣南钻是一种人力冲击取样钻，结构简单，主要由取样筒、岩心防掉器、钻杆、接手、操纵杆组成，具有质量轻、可拆卸、易搬运、易操作（仅需 2 人）的特点，兼具快速、经济、安全、环保等优点，并且对施工环境的要求低，仅需 1 m^2 左右的占地面积，基本不破坏植被及山体，无须机械动力及相关的冲洗、润滑油料，不污染环境。赣南钻适用于 5 m 以内的土层、沙层取样，也可采取少量风化程度较高的岩样。单人可背负搬运，用于化探取样、地质填图取样、环境和农业地质调查取样等。

3.2.2.3 潜孔锤根管取芯钻

将空气潜孔锤钻进技术与取芯技术及根管钻进技术紧密结合，形成潜孔锤根管取芯钻进技术。该项技术设备采用轻便动力头，输出转速范围大、钻进速度快，护壁效果好，可以解决复杂地层的钻进和取心问题，提高常规钻进技术效率。在相对缺水的干旱半干旱地区，如内蒙古、青藏高原等地区的勘查工作中均可以运用。该技术已在成都地铁、拉林铁路、西藏滑坡勘查中达到不错的应用效果。

3.2.3 环保冲洗液技术

冲洗液的类型应根据钻进地层条件和钻进工艺进行选择。环保冲洗液可以降解钻探过程中产生的废水污染物及减少钻探岩屑，同时更大限度地对地下水环境等起到保护作用。环保冲洗液主要有清水、自然造浆、细分散冲洗液三种类型。其中，完整和孔壁稳定地层更适于用清水和自然造浆；在盐碱地层可采用粗分散冲洗液，是在细分散冲洗液中加入石灰、石膏、NaCl、$CaCl_2$ 和海水一类的絮凝剂和其他处理剂所制成的；在地下水环境敏感地区或较破碎胶结性差的地层采用无固相冲洗液；此外还有适应性强的不分散低固相冲洗液，以及空气冲洗介质、雾化冲洗介质、泡沫冲洗介质等。而生物聚合物环保泥浆除了具备封堵、润滑、防塌等钻探性能外，其本身无毒性，可以有效地避免地下水环境受到污染。

3.2.4　快速堵漏技术

为防止钻孔漏失泥浆对地下水的污染，可采取快速堵漏技术：第一步采用复合凝胶（FHD-1）堵漏，第二步采用胶质泥浆+水泥浆复合堵漏，第三步采用拦截式堵漏工具堵漏。对于大溶洞漏失，在上述方法无效时，可考虑顶漏钻穿漏失层后再下套管的方法。

3.2.5　其他绿色勘查技术

3.2.5.1　高光谱技术

高光谱技术在地质勘查方面具有非常广阔的应用前景，它是借助光谱仪对光谱进行区分，记录不同光谱的通道数据，在像元中提取光谱曲线，从而得到地下空间的实际光谱信息和光谱辐射信息等。

3.2.5.2　GPS 定位

GPS 全球定位技术的应用，可以实现对矿产资源的全方位描述和高精度定位，在技术层面对找矿过程进行优化，有效地避免了传统地质勘查精确度不高的问题，为地质勘查工作提供了可靠准确的信息，从而提高了找矿效率。

3.3　绿色勘查的生态环境保护措施

砂石矿山勘查工作主要包括道路、场地、驻地等的施工建设，槽探、浅井、坑探及钻探工程施工；地质、物探、化探、遥感及重砂测量等工作。

勘查活动的环境影响主要包括勘查施工占地、清表、开挖、钻探等工程破坏地表植被、加剧水土流失等，以及在勘查施工中产生的废气、废水、噪声和固体废物对周边环境造成的污染。针对勘查活动可能造成的环境影响，应分别采取相应的绿色勘查措施。

3.3.1　生态环境保护措施

3.3.1.1　勘查过程中采取的生态环境保护措施应遵循以下原则

①凡涉及珍稀濒危物种和敏感地区等生态因子，可能产生不可逆影响时，必须提出

可靠的保护措施和方案。

②凡涉及需要保护的生物物种时，必须制定相应措施加以保护。

③对于再生周期较长、恢复速度较慢的自然资源，要制定恢复补偿措施。

④对于普遍存在的再生周期短的受损资源，当其恢复的基本条件没有发生逆转时，不必制定恢复补偿措施。

3.3.1.2 选址选线及优化勘查方案

（1）合理选址选线

勘查工程（道路、营地、钻台场地等）的选址选线应避绕敏感的生态环境保护目标，且符合地方生态环境保护规划和生态环境功能区划的要求。

①勘查道路的修建要规划最佳路线，避让珍稀动物栖息地等环境敏感目标。

②新建勘查驻地时，坚持用地最小化原则。

③探矿工程施工场地的选择，应优先避开耕地和林地。

④地质测量作业点和作业路线应合理避让珍稀、濒危的野生动植物自然分布区域。必须穿行此区域时，车辆应优先利用现有道路行驶，开车不应鸣笛。不应踩踏珍稀野生植物。穿行工作区域时，人员穿行茂密山林时，尽量避免砍伐树木，同行人应走同一条道路。

⑤地球物理勘探仪器设备的安装和测量点、线的布设，应尽可能合理地避让草地、林地、耕地及动物栖息地等。

（2）优化勘查方案

1）减少占地勘查方案

合理控制工程占地，本着尽量不占、少占的原则，临时占地尽量控制在占地范围内。

①应充分利用现有公路、村道等，确需新建道路时，应控制道路规模，并兼顾后期应用及当地社会经济发展需要。

②项目驻地宜优先就近租用当地民居或公共建筑物。

③场地平整时尽量减少开挖量，力求挖填平衡，控制场地占用面积。

④坑探、浅井、槽探场地，应根据需要进行布置和功能分区，一般不设临建设施。坑道施工应控制断面规格，减少占地和植被破坏。

⑤钻孔施工应选用技术性能先进、可靠，节能、环保，易于搬运、安装和拆卸，占地面积小的设备。设备运输尽可能利用现有道路，对于钻探设备难以进入的地区宜选用模块化便携式或履带自行式设备，减少新建道路的修建。

对钻探设备、附属设施、材料物资、临建设施等进行合理布置，优化功能分区，尽量减少占地。附属设施中的钻井液循环系统（泥浆池、废浆池等）可不与钻进施工场地布置在同一场地。当设计多个钻孔在同一区域同时施工时，宜布置一套共用的钻井液循环系统。

2）环境友好勘查方案

①地球物理勘探宜采用先进的轻型物探设备、仪器和探测方法；当使用重型设备时，应尽可能控制扰动范围，合理选择容易恢复的地段作业。

②地球化学勘探和重砂测量采样，应根据设计采样点的土壤发育程度和植被生长状况等情况，在规范允许的范围内，合理选择对环境扰动小的采样方法（如岩石地球化学样采用浅层取样钻机）和采样工具；采样点应尽量避开植被，采样结束后，及时回填、平整采样坑；无法避开时，应预先揭开地表植被土层并移开植被，采样结束后，及时回填、平整采样坑，并恢复植被。

③探槽施工时应控制规格，并鼓励采用以浅钻代替探槽技术，减少对土壤和植被的扰动。交通方便时，不需新修施工运输道路的地段，可采用机械施工；交通不便、植被茂密的地段，可采用人工开挖施工，以避免修路及机械施工造成土地、地表扰动和植被破坏。

④浅井分为小圆井和方井。一般深度为 3 m、岩石硬度小于 4 级的浅井，宜采用人工开挖，并对不稳定井壁进行临时支护。岩石硬度大，人工开挖困难的浅井，可采用风动凿岩、小药量爆破或静态爆破等机械施工方法，提高工作效率。同时应采取有效措施预防施工震动、噪声等对周边环境的影响。

深度大于 3 m 的浅井，可参照建筑施工中人工挖孔桩的相关施工设备及技术工艺、操作规程进行开挖施工。开挖的岩土装袋，按顺序规范堆码于井口外的较平缓稳定区域，避免任意堆放形成水土流失及增加土地植被的压占破坏面积。

⑤钻孔施工应采用先进合理的钻进工艺。在满足勘查要求的前提下，宜采用定向钻进技术，实现“一基多孔、一孔多支”，减少设备搬迁；采用液动冲击回转钻进、多工艺空气钻进等技术提高钻进效率，减少作业时间。

⑥钻孔施工循环液使用泥浆时，应采用无固相或低固相的优质环保浆液。钻井液材料及处理剂应符合《钻井液材料规范》（GB/T 5005—2010）的规定，应优先使用钠膨润土。

⑦坑道爆破施工时应采用控制爆破技术，避免爆破震动对巷道围岩造成破坏和诱发地面塌陷、地裂缝及周边建筑物基础沉降等环境问题。

3）环保工程设计勘查方案

①对各施工区域进行表土剥离，并选择适宜的表土堆场进行堆存，尽量避让冲沟、河流影响区域，减少施工压占及防止形成滑坡、坍塌及泥石流等，并采取围挡等措施维系土壤质量，以便于后续土地复垦。

②各施工区域应挖高填低，尽量做到挖填平衡，开挖探槽产生的废土石应采用可降

解编织袋装袋，依次堆码于探槽两侧的较平缓稳定区域，堆放高度不宜超过 2 m，确保堆填边坡稳定。

③各施工区域和填方边坡、渣土场等应根据具体情况，采取设置截排设施、工程挡墙、覆盖篷布、围挡等措施，预防水土流失等。

④各工程单元施工时：

a. 对于占用草地、林地等植被覆盖较多的场地，开挖前对扰动范围内的草皮按适宜的厚度、形状和大小进行人工剥离，并保留足够的护根腐殖土；剥离的草皮采用平铺、叠置或支架架空等方式存放于底部铺有腐殖土的临时存放场，并适时进行洒水养护。

b. 对于占用植被覆盖较少的场地，应尽可能避让植被，对无法避让的植被，参照前述内容进行人工剥离和养护。

c. 占用耕地、园地等有作物覆盖的场地时，耕作层、覆土层及适宜复垦的壤土层，应集中收集存放管理，作为恢复用土。

d. 占用基岩裸露区等无植被覆盖的场地时，开挖出的土石应装袋砌筑边坡，有序堆放，确保堆填稳定。外运的土石应在指定位置规范存放，减少压占土地及水土流失。

e. 对各工程单元的不稳定边坡等情况应采取支护和拦挡等方式处理，预防滑坡、崩塌、泥石流等地质灾害。处于斜坡汇水面大或易受洪水冲刷位置的探槽工程，在槽头上部修筑截水沟，预防沟槽和开挖土石时遭受洪流冲蚀。

3.3.1.3 合理安排勘查施工方案

①道路修建要尽可能避开植物生长区，选择环境扰动小的季节和地段进行施工。

②遥感地质低空航拍选择合适的时段进行，尽可能减少对野生动物的刺激；遥感地面验证工作参照地质测量的相关要求进行。

③浅井经地质观测、编录及采样、验收等工作结束后，不需保留的浅井，应按照规定进行回填压实。

3.3.2 生态修复措施

3.3.2.1 清理

勘查工作结束后，应及时拆除建（构）筑物，撤除设备，清理土石。合理处置场地内的固体废物及垃圾。

3.3.2.2 复原

落实勘查设计中的要求，新建临时道路应恢复至原来的地形地貌；难以恢复原貌的地段，应恢复至场地平面标高，尽可能与周边自然环境协调。

能复绿的地段，应满足复垦复绿的要求，场地平整时不应产生新的挖损和压占破坏；对采用浇灌混凝土等方式进行硬化的临时道路，应对混凝土进行拆除和清运，并采取深翻、松土、覆土等方式恢复地形地貌。

项目驻地和探槽、浅井、钻孔（钻井）施工产生的坑、井、池、沟等，用开挖堆放的土石进行分层回填，按后挖的土石先填、先挖的土石后填的顺序进行回填并夯实底部基岩碎石，再回填平整底土，并应回填至场地平面标高。斜坡沟槽回填时，应分段进行，自下而上用袋装土石依次堆码回填，避免产生滑动及洪水冲蚀，必要时做好围挡措施。回填坑口应封闭。

3.3.2.3 覆土

新修道路及临建占地恢复时，应将开挖前的表土均匀地覆盖在底土之上，草地覆土厚度一般为20～30 cm，林地及耕地覆土厚度一般为30～50 cm；对土层较薄或者土层为砂土、黏土等的表土层，有条件的可采取培土及增施有机肥等方式进行改良，增加土壤的养分和活力，确保覆土厚度及土质能满足植被正常生长需要。仅压占但未受到挖损、污染的场地，可采取深翻、松土、培土等方式使表土达到复垦要求。

3.3.2.4 复垦复绿

（1）耕地、园地复垦

采用深翻、松土及覆土换填等方法对耕地进行复垦，复垦后耕地坡度和有效土层厚度及土壤质量应满足当地农作物耕种条件，并移交土地使用人自行耕作及管理。

（2）林地复绿

移植的林木应全部回植，未成活的应进行补植，无法移植的应种植，新种植的林木应结合当地气候环境条件，选择适宜的品种，种植的坑穴规格及其施工等应符合林木种植的相关标准要求。

（3）草地复绿

剥离的草皮应全部复植，应将原剥离的根系覆植土铺垫在覆盖的表土后，再将剥离养护的植被依次紧凑铺平覆植。自然修复能力弱的地区，植被覆植后应适当浇水养护。

3.3.3 污染防治措施

3.3.3.1 大气污染防治措施

①勘查施工时使用的柴油、汽油动力设备应安装尾气净化装置，并定期维护保养，确保达标排放。

②对勘查施工中表土剥离、运输等环节产生的扬尘，应采取喷雾、洒水等措施防治污染；爆破钻孔采用湿式凿岩的方式。

③对开挖的裸露区域、临时堆土场等采取洒水降尘和及时苫盖等抑尘措施，减少扬尘的产生。

④勘查施工现场禁止焚烧生活垃圾、秸秆等产生烟尘和有毒有害气体的废弃物。

3.3.3.2 噪声污染防治措施

①施工过程中应选用低噪声设备，尽可能减少对周边居民及野生动物的影响。

②优先采用公用电网，确需自行发电的应采用低噪声和污染物低排放的发电设备。

③施工机械设备应安装减震装置、采取封闭措施等，确保施工场界噪声达标。

④运输车辆途经敏感目标时要减速慢行，并限制鸣笛，以减轻对周边环境的影响。

3.3.3.3 水、土壤污染防治措施

①勘查现场应自建防渗旱厕，且旱厕应远离水源，防止对水源造成污染。

②施工产生的废水、废液应通过沉淀池处理后回收利用，外排需满足排放要求。

③施工过程中发现井内严重漏失和施工现场周边泉点的水质、水量、颜色有变化时，应分析原因，确认漏失层（段），并采用环保材料堵漏或下入套管等方法进行封堵；当发现井内涌水时，应对钻孔中接触的承压水进行控制，防止不同含水层间的交叉污染。

④钻孔施工中产生的废水应尽量循环利用，外排需处理后达标排放。

⑤钻孔终孔后应按照相关设计做好封孔工作，确保封孔质量，减轻钻孔施工对地下水环境的影响。

⑥废油、废浆、废液、生活垃圾等必须分类存放，其存放地、储坑池、浆液池、垃圾池等应铺设防渗材料，避免泄漏或渗漏对水环境及土壤环境造成污染。

⑦钻井液循环系统宜采用移动式泥浆箱及管道，尽量避免现场开挖；若需开挖时，其容积应按钻孔设计深度进行计算，不宜小于钻孔容积的 2 倍，底部应铺设防渗材料进行防渗处理。

⑧坑探达到探矿目的并结束编录采样工作后，应撤走所有设备、及时封闭坑道口，并设立警示牌。

⑨野外原位测试应合理使用测试剂，避免对水环境及土壤环境造成影响。

3.3.3.4 固体废物污染防治措施

①勘查施工营地产生的生活垃圾应分类收集，就近送往垃圾集中处理点进行处置。

②勘查作业时产生的废纸、金属、玻璃、塑料袋（瓶）、包装袋等垃圾和废电池等有害废弃物应带回驻地，分类处置，避免对环境造成影响。

③钻孔施工中产生的沉渣、废浆应设置专用存储池，经沉淀和固化处理后，符合标准的就地填埋；未达到标准或无法现场处置的需外运处理，严禁直接排弃。

3.3.3.5　其他管理措施

勘查现场、驻地等应明确绿色勘查岗位职责，建立科学规范的管理制度，规范设置项目概况、环境保护措施等标示牌。

3.4　绿色勘查实践

目前国内已开展的绿色勘查实践主要有贵州省率先制定实施绿色勘查企业标准、青海省建立健全绿色勘查管理制度体系、中国地质调查局及部分省（区、市）地矿部门探索实施绿色勘查新技术等。

3.4.1　绿色勘查企业标准

贵州省西南能矿集团股份有限公司率先开展绿色勘查探索与实践。该集团在 2015 年提出了生态环保型绿色能矿的建设目标，推动了矿业产业转型升级和可持续发展。近年来，该公司积极践行环保、和谐、高效的绿色发展理念，将绿色勘查作为企业核心竞争力和发展战略，使绿色勘查理念贯穿整个矿山勘查过程，通过采用合理的工程布置、先进的勘探设备、规范的管控措施，大力推进绿色勘查实践。

该集团于 2016 年通过试点示范，不断探索、总结绿色勘查经验，2017 年年初发布了《煤层气绿色勘查技术标准》《固体矿产绿色勘查技术标准》《固体矿产绿色勘查项目预算标准》及《绿色勘查项目管理暂行办法》四个企业管理制度和标准。

《煤层气绿色勘查技术标准》和《固体矿产绿色勘查技术标准》两个标准分别规定了在煤层气勘查和固体矿产勘查工作中开展绿色勘查的总则、基本规定、绿色勘查方案编制、控制方法、技术要求、环境恢复治理、检查验收、和谐勘查及报告编制等内容。

《绿色勘查项目管理暂行办法》规定了在绿色勘查项目的具体实施过程中，企业各相关部门和单位的职责、管理的具体内容、要求及奖惩措施等。

《固体矿产绿色勘查项目预算标准》在《地质调查项目预算标准（2010 年试用）》基础上增加了道路恢复治理、钻机机场建设、山地工程施工等方面的环境保护、绿色勘查实施方案和总结报告编制等预算费用标准，为该公司全面推进绿色勘查的实施提供了预算依据。

贵州省在西南能矿集团股份有限公司推行绿色勘查实践和制定相关标准、规范等基础上，于 2019 年发布了《贵州省固体矿产资源绿色勘查技术规范》，2021 年发布了《贵州省煤层气资源绿色勘查技术规范》两项省级地方标准，为全省全面推进和实施绿色勘查工作奠定了坚实的基础。

3.4.2 绿色勘查管理制度体系

青海省委、省政府积极实施“生态立省”战略，省国土资源厅将2016年确定为绿色勘查开发年，在绿色勘查示范研究工作的基础上，全面推进绿色勘查工作，形成了较系统的绿色勘查制度体系。

一是完成了《青海省找矿突破战略行动实施方案》的修编。按照生态环境保护和绿色勘查要求，优化总体布局和工作部署，地质勘查工作全面退出自然保护区。同时修改完善了《青海省地质勘查基金项目管理暂行办法》。对省地勘基金项目从设计、部署、野外施工等方面提出了明确的生态环境保护要求，将生态环境保护措施的有效性纳入了设计审查内容，并在项目中期质量检查、年终验收中将绿色勘查执行情况作为重点内容。

二是制定了《青海省绿色勘查管理办法（试行）》。该办法明确了省国土资源厅是全省绿色勘查的宏观管理部门；省地质调查局为全省绿色勘查的业务主管单位；各州（市）、县（市、行委）国土资源局为绿色勘查实施监督单位；各地勘事业局为绿色勘查实施管理单位，负责局系统内各类地勘项目绿色勘查实施管理及监督检查工作；各勘查单位为绿色勘查主体责任单位，履行绿色勘查第一责任人的职责，落实绿色勘查要求。省内各地勘事业局均成立了绿色勘查领导机构，建立了绿色勘查分级负责管理制，明确了工作任务、岗位职责，制定了有关管理制度和措施。

三是制定实施了绿色勘查制度体系。印发实施了《青海省地勘单位业绩信誉考评办法》《高原绿色勘查地质钻探规范》《野外地勘项目生态环境保护检查验收制度（试行）》《地质勘查生态环境恢复治理操作规程（试行）》等制度，确保绿色勘查理念和措施在矿产勘查工作中的有效落实。

四是创建了绿色勘查“多彩模式”。青海省有色地质矿产勘查局在青南多彩地区的整装勘查工作中，研究出台了《地质勘查工作中生态环境保护的实施意见》，从增强生态环保意识、注重民族团结等几个方面提出了17条具体措施，创造了特殊地区开展绿色勘查的“多彩模式”，较好地统筹了生态环境保护和矿产勘查二者间的关系，走出了一条在生态脆弱区、藏族群众聚集区的绿色勘查新路子。

3.4.3 绿色勘查新技术实践

中国地质调查局成都探矿工艺所针对槽探工程、钻井基台修建和物资的搬迁等方面出现的对环境扰动较大的问题，研发试用了对植被破坏程度较低的技术和方法。例如，“以钻代槽”减少了槽探对植被的破坏；“一基多孔、一孔多支、一孔多用”减少了机台数量与搬迁次数；模块化、轻便的钻探设备有助于人工搬迁和减少基台面积；采用拖拉机（塑胶履带）、雪橇、卷扬机（钢丝绳）以及直升机等搬运方式减少道路修建并最大限度地减少对植被的破坏。

黑龙江省地质矿产局研发的绿色新工法，是一种新型地质水平方向钻头的新工艺方法，采用刚索取心钻机，改用小角度钻探技术，是一种能代替槽探的新技术，这项技术更适用于在林区开展地质勘查工作，可最大限度地降低对林区生态环境的扰动，这一突破为地质勘查新技术提供了经验，而且具有广阔的应用前景。

海南省地质调查院与北京探矿工程研究所联合承担的以钻代槽勘查技术示范项目通过评审验收，项目验证了浅钻与槽探工程的一致性以及以钻代槽的可行性，为地质新技术应用和绿色勘查提供了经验。

第 4 章　砂石行业绿色矿山建设

绿色矿山是指在矿产资源开发的全过程中，实施科学有序开采，对矿区及周边生态环境的扰动限制在可控范围内，实现环境生态化、开采方式科学化、资源利用高效化、管理信息数字化、矿区社区和谐化的矿山。

建设绿色矿山是新形势下保证矿业可持续健康发展的必由之路，是实现科学发展、社会和谐的必然选择。习近平总书记强调："我们既要绿水青山，也要金山银山。宁要绿水青山，不要金山银山，而且绿水青山就是金山银山"。中央大力推进生态文明建设，要按照绿色发展理念，建设美丽中国，努力开创社会主义生态文明新时代。

4.1　绿色矿山发展历程

2007 年，中国国际矿业大会在北京召开，时任国土资源部部长徐绍史在会上提出"发展绿色矿业"的倡议。该倡议立足于我国当前的矿产资源利用现状，指出矿产资源开发利用模式不能完全适应经济社会发展的新要求，应该从根本上转变发展方式和经济增长方式。实现资源合理开发利用与环境保护协调发展，已成为矿山企业发展的必然选择。

2010 年 8 月，国土资源部发布《国土资源部关于贯彻落实全国矿产资源规划发展绿色矿业建设绿色矿山工作的指导意见》（国土资发〔2010〕119 号），随文附带《国家级绿色矿山基本条件》。这是第一份以官方形式提出建设绿色矿山的明确要求的文件，该《意见》后来作为绿色矿山发展的指导性文件。

2011 年 3 月，国土资源部公布首批绿色矿山试点单位名单，37 家单位上榜。

2016 年 5 月，财政部、国家税务总局发布《关于全面推进资源税改革的通知》（财税〔2016〕53 号），对符合条件的采用充填开采方式采出的矿产资源，资源税减征 50%，为绿色矿山建设提供了政策优惠。

2016 年 12 月，第十二届全国人民代表大会常务委员会第二十五次会议通过《中华人民共和国环境保护税法》，列出了尾矿、煤矸石、粉煤灰等固体废物的税额，促进了绿色矿山的建设。

2018 年 6 月，自然资源部发布《非金属矿行业绿色矿山建设规范》(DZ/T 0312—2018)、《砂石行业绿色矿山建设规范》（DZ/T 0316—2018）等 9 项行业标准，并于 2018 年 10 月 1 日起实施，为绿色矿山建设制定了系统性的标准。

2018 年，《中华人民共和国宪法修正案》中，首次将生态文明建设写入宪法，绿色矿山建设已经上升为国家战略，在工业文明转向生态文明的时代背景下，绿色矿山建设是实现矿业高质量发展的重要途径和必然要求，也是我国实现由矿业大国向矿业强国转变的必由之路。我国绿色矿山建设进入了“有法可依”的新阶段。

4.2　绿色矿山建设政策

近年来，国内各级政府及相关部门对砂石骨料行业的关注度越来越高。

2015 年 9 月，工业和信息化部、住房和城乡建设部联合发布《促进绿色建材生产与应用行动方案》（工信部联原〔2015〕309 号），方案要求加快机制砂石工业化、标准化、绿色化进程。

2016 年 5 月，国务院办公厅发布《关于促进建材工业稳增长调结构增效益的指导意见》（国办发〔2016〕34 号），意见提出加快发展砂石骨料产业。

2016 年 12 月 11 日，中共中央办公厅、国务院办公厅印发《关于全面推行河长制的意见》，各级河长负责组织领导对非法采砂问题依法进行清理整治。

2017 年 5 月，国土资源部等六部委联合发布《关于加快建设绿色矿山的实施意见》，意见要求，构建部门协同、四级联创的工作机制，加大政策支持，加快绿色矿山建设进程，力争到 2020 年，形成符合生态文明建设要求的矿业发展新模式。

2018 年 6 月，自然资源部发布由中国砂石协会组织专家编制的《砂石行业绿色矿山建设规范》（DZ/T 0316—2018），砂石行业上升到九大矿业之一。该规范要求，以促进资源合理利用、节能减排、保护生态环境和矿地和谐为主要目标，最终实现资源开发的经济效益、社会效益和生态效益协调统一，为建设绿色矿山提供技术和管理支撑。

2018 年 12 月，中国建材联合会和中国砂石协会联合发布《高性能混凝土用骨料》《砂石骨料绿色生产和运输评价标准》《机制砂石企业检验室技术条件》团体标准，推动砂石骨料行业高质量发展，促进不符合绿色生产和运输评价标准的企业退出，企业应按照标准建立产品检验室，以保证产品质量。

2019年2月，水利部发布《关于河道采砂管理工作的指导意见》（水河湖〔2019〕58号），要求以河长制、湖长制为平台，落实采砂管理责任，积极探索推行河道砂石采运管理单制度，强化采、运、销全过程监管，积极探索推行统一开采经营等方式。

2019年2月，水利部、交通运输部发布《关于长江河道采砂管理实行砂石采运管理单制度的通知》（水河湖〔2019〕64号），要求长江干流宜宾以下河道内的采、运砂船舶及从其他支流（湖泊）进入长江干流的运砂船舶实行砂石采运管理单制度；砂石堆放场所、经营场所的管理人或经营人，在接收运砂船舶砂石时，对不能提供合法砂石采运管理单的，应拒绝接收。

2019年4月，自然资源部发布《关于开展长江经济带废弃露天矿山生态修复工作的通知》，要求对长江干流及主要支流沿岸废弃露天矿山（含采矿点）生态环境破坏问题进行综合整治，到2020年年底，全面完成长江干流及主要支流两岸各10 km范围内废弃露天矿山治理任务。

2019年11月4日，工信部、发展改革委等十部门联合发布《关于推进机制砂石行业高质量发展的若干意见》（工信部联原〔2019〕239号），这是砂石骨料行业有史以来的第一个指导意见，文件将引导机制砂石行业加强质量管理、优化产业布局、加快绿色发展，促进机制砂石行业高质量发展。

4.3 国内绿色矿山建设规划

各省（区、市）以2017年国土资源部、财政部、环境保护部、国家质量监督检验检疫总局、中国银行业监督管理委员会、中国证券监督管理委员会发布的《关于加快建设绿色矿山的实施意见》（国土资规〔2017〕4号）为契机，积极加快矿业领域生态文明建设，促进矿业转型和绿色发展。

2017年9月，青海省国土资源厅、发展和改革委员会等12部门联合出台《青海省绿色矿山建设实施方案》（青国土资〔2017〕416号），明确格尔木、都兰县、大柴旦3个全国绿色矿业发展示范区和大中型矿山力争2020年达到绿色矿山建设要求，到2020年全省绿色矿山比例达到15%，2025年达到50%，2030年所有矿山全部达到绿色矿山建设要求。

2017年9月，安徽省国土资源厅、财政厅等部门联合出台《安徽省绿色矿山建设工作方案（2017—2025年）》，其总体目标是积极参与构建部门协同、四级联创的工作机制，加大政策扶持，加快绿色矿山建设进程，力争到2020年，绿色矿山达标率20%左右，逐步形成符合生态文明建设要求的矿业发展新模式。到2025年，全省绿色矿山达标率40%，形成资源合理利用、节能减排、生态环境保护与矿地和谐发展的良好局面。

2017 年 11 月，山东省国土资源厅、财政厅等六部门联合出台《山东省绿色矿山建设工作方案》，要求加快绿色矿山建设步伐，新建矿山要全部达到绿色矿山建设要求；加快推进生产矿山建设绿色矿山的工作力度，力争到 2020 年年底山东省绿色矿山格局基本形成，大、中、小型绿色矿山建成率分别为 90%、80%、50%左右。

2017 年 11 月，四川省国土资源厅、财政厅等六部门联合出台《四川省绿色矿山建设工作方案》，提出到 2020 年，实施国家级、省级和市级绿色勘查项目占勘查项目总数的比例不低于 1%、10%和 40%，建设国家级、省级和市级绿色矿业发展示范区达 2 个、10 个和 50 个以上。构建矿业发展方式转变新途径，历史遗留矿山地质环境恢复和工矿废弃地复垦利用累计完成 2 万 hm^2。

2017 年 8 月，内蒙古自治区人民政府印发了《内蒙古自治区绿色矿山建设方案》，建设目标为 2018 年年底前，新建矿山要全部达到绿色矿山建设标准；生产矿山要按照绿色矿山建设标准加快改造升级，限期达到绿色矿山建设标准；到 2020 年，全区矿山总体达到绿色矿山建设基本条件标准。在绿色矿山数量方面，2018 年年底前，完成 35 个国家级绿色矿山创建。2020 年年底前，完成 300 个自治区级绿色矿山建设。到 2025 年，全部矿山达到国家或自治区级绿色矿山建设标准，不符合绿色矿山标准的矿山企业逐步退出市场。

2017 年 9 月，江西省国土资源厅等部门出台《江西省全面推进绿色矿山建设实施意见》，建设目标为，江西省新建矿山要全部达到绿色矿山建设标准要求；生产矿山加快改造，逐步达到要求。到 2020 年，江西全省将力争建设 200 个绿色矿山，建设赣州市和德兴市 2 个绿色矿业发展示范区，基本形成绿色矿山建设新格局。到 2020 年江西将力争建设 200 个绿色矿山和 2 个绿色矿业发展示范区。

2017 年 12 月，吉林省国土资源厅、财政厅等六部门联合出台《关于加快建设绿色矿山的实施方案》，提出构建部门协同、四级联创的工作机制，加大政策支持，加快绿色矿山建设进程，力争到 2020 年，形成符合吉林省生态文明建设要求的矿业发展新模式，2030 年吉林省矿山企业全部达到绿色矿山建设标准。

2018 年 2 月，重庆市国土房管局、环保局等 8 部门联合出台《重庆市绿色矿山建设标准》，要求重庆市绿色矿山建设做到四个 100%，即全面提速绿色矿山建设，绿色矿山建设推进计划 100%覆盖；绿色矿山建设实施方案 100%编制；绿色矿山建设补充协议 100%签订；绿色矿山建设工程治理措施 100%启动。

2018 年 10 月，重庆市人民政府办公厅出台《重庆市建筑石料用灰岩资源开发布局方案》，要求重庆市在渝西、渝东北、渝东南三个片区布局 14 个砂石保障基地、1 个砂石应急保障基地和 2 个砂石后备保障基地；预测资源量 275 亿 t，新建、改（扩）建、资源整合和保留矿山 160 个；设计生产规模 11 000 万 t/a，服务年限 30 年以上。到 2020 年，重庆全市砂石矿山控制在 470 个以内，总设计生产规模控制在 21 000 万 t/a 以内，全市砂石资源供需基本平衡。

2018 年 3 月，湖北省国土资源厅出台《湖北省加快建设绿色矿山实施方案》，要求加快实施绿色勘查，全面推进绿色矿山建设，积极创建绿色矿业发展示范区；矿业布局与结构进一步优化，资源节约集约利用水平进一步提升；制定绿色矿山标准，完善配套激励约束政策体系，构建绿色矿业发展长效机制。到 2020 年，基本建成节约高效、环境友好、矿地和谐的绿色矿业发展模式。

2018 年 3 月，宁夏回族自治区国土资源厅出台《宁夏回族自治区矿产资源总体规划（2016—2020 年）》，指出宁夏将以转变资源利用方式为主线，着力在地质勘查找矿、矿山绿色开采、矿产资源节约清洁高效利用等方面寻求突破，加快绿色矿山建设步伐。根据规划，到 2020 年，宁夏回族自治区 90%煤矿、非煤（二类）矿山将基本达到国家或自治区绿色矿山标准。

2018 年 3 月，黑龙江省国土资源厅出台《黑龙江省绿色矿山建设工作方案》，明确总体目标与重点任务，力争到 2020 年，形成符合生态文明建设要求的矿业发展新模式，建设 1～2 家绿色矿业示范区，确立建设 100 家绿色矿山，择优完成国家级绿色矿山遴选、申报工作。

2018 年 3 月，福建省国土资源厅、财政厅等六部门联合出台《福建省绿色矿山建设工作方案》，力争到 2020 年，形成符合生态文明建设要求的矿业发展新模式；形成一批可复制、能推广的新模式、新机制、新制度；建立政府引导、部门协作、企业主建、第三方评估和社会监督相结合的绿色矿山建设工作体系，构建绿色矿业发展长效机制。

2018 年 10 月，福建省明令下达 5 000 万 m^3 机制砂生产任务，全省要在 2020 年年底前达到年产 5 000 万 m^3 机制砂的生产能力才能满足建设工程用砂需求，并据此对各区、市配套矿山任务进行分解。

2018 年 4 月，江苏省国土资源厅、财政厅等五部门联合出台《江苏省矿山地质环境恢复和综合治理工作方案》。江苏省推进矿山地质环境保护与综合治理，各级国土资源部门将以县（区、市）为主要单元，开展矿山地质环境详细调查，全面、系统地查明在建矿山、生产矿山、废弃矿山、政策性关闭矿山地质环境问题的类型、分布、规模和危害程度。通过治理，昔日大面积裸露的“瘌痢头”式采石矿山重现绿色生机，消除采矿形成的滑坡崩塌等灾害隐患，改善和美化废弃矿区环境，有效利用矿山废弃地资源。

2018 年 4 月，湖南省国土资源厅、财政厅等六部门联合印发《湖南省绿色矿山建设工作方案》，要求到 2020 年，湖南省矿业产业要基本形成节约高效、环境友好、矿地和谐的绿色矿业发展新模式。在绿色矿山建设方面，新建矿山企业必须全部按照绿色矿山建设要求进行建设，完成 100 家在建、生产矿山企业的绿色矿山建设工作；在矿产资源节约与综合利用方面，大中型矿山“三率”水平达标率 85%以上；在矿区地质环境恢复治理与土地复垦方面，历史遗留地质环境问题恢复治理面积 2 000 hm^2，土地复垦面积 500 hm^2；在绿色矿业发展示范区建设方面，于 2020 年前启动首批 8 个绿色矿业发展示范区的建设工作等。

2018 年 4 月，河北省国土资源厅出台《河北省绿色矿山建设工作实施意见》，其建设目标为力争用 3 年建成一批示范矿山，建立较完善的绿色矿山标准体系和管理制度；用 8～10 年初步构建起河北省绿色矿山格局，大中型矿山基本达到省级绿色矿山标准，部分矿山建成国家级绿色矿山。

2018 年 4 月，浙江省国土资源厅、环境保护厅联合出台《浙江省绿色矿山建设三年专项行动实施方案》，提出到 2018 年年底，计划 180 家矿山纳入全国绿色矿山名录库；到 2019 年年底，全省 85%以上的应建绿色矿山纳入全国绿色矿山名录库，完成浙江省绿色矿山移动信息监管系统建设；到 2020 年年底，全省应建绿色矿山全部纳入全国绿色矿山名录库。绿色矿业发展示范区建设目标：到 2020 年年底，湖州市建成全国绿色矿业发展示范区。

2018 年 4 月，广东省国土资源厅、财政厅等六部门联合出台《广东省绿色矿山建设工作方案》，提出到 2020 年，全省建设 250 个绿色矿山，建设韶关市仁化县和河源市连平县 2 个绿色矿业发展示范区，基本建成符合生态文明建设要求、节约高效、环境友好、矿地和谐的绿色矿业发展模式。新建矿山全部达到绿色矿山建设要求，生产矿山加快改造升级，逐步达标。

2018 年 4 月，广西壮族自治区国土资源厅、财政厅等六部门联合出台《加快建设绿色矿山工作方案》，明确从 2017 年 7 月至 2020 年 12 月，通过矿产资源、财税、绿色金融、矿山建设用地等扶持政策及措施，全面推进绿色矿山建设，加快矿业转型与绿色发展，力争到 2020 年新建矿山全部达到绿色矿山建设要求，在建（生产）矿山中，大中型矿山列入自治区级绿色矿山建设，自治区级绿色矿山建成比例约为 30%。

2018 年 4 月，贵州省国土资源厅、财政厅等 11 部门联合出台《全面推进绿色矿山建设的实施意见》，提出 10 条全面推进绿色矿山建设措施。到 2020 年年底前，贵州省将完成 800 个以上绿色矿山建设，选择 6～8 个矿产资源重点县（市、区）创建省级绿色矿业发展示范区，争取创建 2～3 个全国绿色矿业发展示范区；力争全省大中型矿山比例达到 70%以上，矿山“开采回收率、综合利用率、选矿回收率”水平达标率达到 85%以上。

2018 年 5 月，新疆维吾尔自治区国土资源厅、财政厅等六部门联合出台《新疆维吾尔自治区绿色矿山建设管理办法（试行）》，提出将在矿产资源、建设用地、财税以及金融方面支持绿色矿山建设，推进新疆矿业领域生态文明建设，加快矿业转型与绿色发展。新疆2019年已建成26个国家级、6个自治区级绿色矿山，涉及铁、铜、镍、金、稀有金属、锌、铀、石油、煤炭和钾盐等矿种。下一步将制定砂石（黏土等）建材行业等10个自治区主要大宗矿种行业的绿色矿山建设标准，通过政府引导、企业自建、第三方评估、社会监督的工作体系，力争到2020年全区建成400个以上绿色矿山、6个绿色矿业发展示范区。

2018年5月，甘肃省国土资源厅出台《甘肃省省级绿色矿山建设要求及评定办法》，积极引导现有符合国家政策、矿产资源规划的企业，通过整合实现砂石矿山减量化、大型化、规模化、环保化发展。甘肃省2018年已关停违法采砂场1 000余家。

2018年9月，河南省重要矿产资源管理联席会议办公室发布《河南省露天矿山综合整治三年行动计划（2018—2020年）实施方案》，提出利用3年时间，统筹推进露天矿山环保安全开发，有效保障矿产资源刚性需求。到2020年年底，全省露天矿山全部达到绿色矿山建设标准，划定的整治范围内禁止新建露天矿山，已设露天矿山全面退出。禁止新建普通建筑石料矿产小型露天矿山项目，严格限制新建非普通建筑石料矿产小型露天矿山项目，全面停止新建零星分散规模的露天矿山项目。新设建筑石料类矿山储量规模必须达到1 000万t以上，年开采规模必须达到100万t以上；新设建筑（饰面）石材类矿山储量规模必须达到200万m^3以上，年开采规模必须达到10万m^3以上。

2019年8月，海南省自然资源和规划厅、省生态环境厅联合出台《海南省露天矿山综合整治工作实施方案》，将严格控制新建露天矿山建设项目，禁止在生态保护红线区及特定生态保护区范围内新建露天矿山。到2020年年底，海南省全省露天矿山问题全部整改到位，全面推进绿色矿山建设，露天矿山地质环境治理恢复率达到100%。形成一批布局合理、规模集中、技术先进、安全环保、集约高效、矿地和谐的优势矿山企业。

2019年10月，山西省自然资源厅出台《山西省矿山地质环境保护与治理规划（2018—2025年）》，指出山西省将最大限度地减少矿产资源开发过程中的污染和生态破坏，逐步治理历史遗留的矿山环境地质问题，力争到2020年，实现新建矿山达到绿色矿山建设标准。

2020年2月，辽宁省自然资源厅、财政厅等五部门联合出台《辽宁省绿色矿山建设实施方案》，规范辽宁省绿色矿山考评工作，加快推进绿色矿山建设。方案的建设目标为新建矿山100%达到绿色矿山建设要求，生产矿山加快升级改造，逐步达到要求。从2020年开始，各市每年组织辖区内有效矿山企业申请列入省级绿色矿山创建库，全省绿色矿山建设工作全面深入推进。通过绿色矿山建设，矿业勘查开发布局和规模结构进一步优化，资源集约节约利用水平显著提升，矿山地质环境得到有效保护和治理，矿区基本形成集约高效、环境优良、矿地和谐的绿色矿业发展新格局。

4.4 绿色矿山建设技术要点

砂石企业应采用先进的工艺技术与装备，做到绿色开采、绿色生产、绿色存储、绿色运输，同时加大资源综合利用和数字化矿山建设力度，全面推进绿色矿山建设工作。

4.4.1 绿色开采

4.4.1.1 内涵

绿色开采遵循循环经济中绿色工业的原则，在注重经济发展的同时也更加注重生态的平衡，实现生态和谐与人类社会全面发展的有机统一，应用“低开采、高利用、低排放”的开采技术以提高矿产资源的开采回采率和利用率。绿色开采可以很好地发挥矿产资源的经济效益，促进我国经济社会以及环境的良好发展。

4.4.1.2 技术要点

（1）台阶式开采

由于历史原因，很多正在开采的砂石矿山未严格按照矿产资源开发利用方案或初步设计要求进行回采，露天采场形成了断崖式的坡面，高度从几十米到上百米不等，存在巨大安全隐患，地质环境治理和生态修复困难，成为创建绿色矿山的主要难题。规范开采是砂石矿山最紧迫的工作内容，也是实现绿色开采的基本条件。

矿山应遵循自上而下的开采顺序，分台阶开采，并坚持“采剥并举，剥离先行”的原则。开采台阶高度、台阶坡面角、最终边坡角以及安全平台、工作平台和清扫平台宽度应符合矿产资源开发利用方案或初步设计要求。

图 4-1　分台阶开采矿山实景

（2）经济高效开采

砂石矿山企业应根据市场价格和生产成本的变化，动态调整露天开采范围，降低剥采比。同时，生产矿山要加快智能化开采技术改造，新建矿山则以智能化开采为起点，实现无人铲装、无人运输、智能调度、远程操控等，以提高矿山开采效率和科技水平，降低生产和管理成本。

选用先进的爆破工艺和爆破器材，通过优化爆破参数、爆破方式等手段，控制矿石块度，减少爆破粉尘产生；通过控制爆破药量、爆破方式，降低爆破产生的飞石、冲击波、振动、粉尘、噪声等因素对环境的影响；控制爆破大块率，减少二次破碎。

（3）高回采率开采

1）影响开采回采率的因素

与金属矿山投资主要考察矿脉的几何走向、矿脉的厚度、矿石的品位不同，砂石矿山的地质资源条件主要是考察矿石类型、矿石品质、资源量和回采率。

回采率是指采矿过程中采出的矿石与该采区拥有的矿石储量的百分比，它直接影响矿山开采成本的高低。一个储量很大的矿山，如果回采率很低，成本增高，就不宜开采。

影响回采率高低的主要因素是节理裂隙，矿山开采应选在节理裂隙不发育的稳定地段。节理裂隙按成因可分为原生、次生（构造）、风化三种，它们对矿体的破坏作用是不同的，其中以次生节理裂隙破坏最大，影响最深，而风化节理裂隙仅出现在地表。准确识别并研究这三种节理裂隙，对砂石矿山的开采具有重要意义。

依据砂石矿开采工艺流程，回采率降低的主要原因是矿石损失（表 4-1）。

表 4-1　造成矿石损失的主要环节　　单位：%

环节	矿岩混合	境界外矿石	电机车运输	误把纯矿当岩石	其他
百分比	95	3	1	0.6	0.4

2）提高开采回采率的措施

针对影响砂石矿石回采率的主要因素，可从以下技术方面进行改进：

①加强地质测量工作，提供可靠的地质资料，保障回采率指标达到要求。

②生产工艺技术应符合《国土资源部关于印发〈矿产资源节约与综合利用鼓励、限制和淘汰技术目录（修订稿）〉的通知》（国土资发〔2014〕176 号）要求。

正确选择采矿方法及其构成要素，合理规划矿区建筑构造，选择正确的开采顺序。合理选用覆岩下的放矿方案，包括但不限于使用注浆和放矿等控制手段。

3）生产过程中的改进措施

①矿石爆破必须遵循先设计、后施工的原则，严格执行采掘计划。

②矿岩交界处必须实行分穿、分爆，混合爆区的起爆方式采用斜线起爆。

③当矿石爆区前方岩石没有除净时不允许爆破，更不允许将岩石覆盖到矿石爆区上。

（4）无废开采

无废开采是一种最大限度使废料产出量和排放量降到最低、资源综合利用率最大、减少或消除对环境不利影响的矿产资源开发工艺技术。重点在矿石加工环节采用工业循环用水，使废水零排放；做好粉尘的收集利用，变废为宝；延伸产品加工链，增加产品多样性，对砂石资源“物尽其用”。

（5）保水开采

保水开采的核心思想是对开采区域内分布的水资源进行充分的调查，从而选择合理的开采区域，减少对含水层和隔水层的破坏。此外，在开采过程中也要采取保水措施，有效保护水资源。

砂石矿山露天采场中要根据开采进度合理安排表土剥离、开采、边坡整治等工序，安全台阶内侧开挖排水沟，采坑每开采到一个台阶时均需及时布设临时排水措施。此外，为避免雨水冲刷采场坡面，在生产时应在生产平台横向设置反坡用于排水。开采结束后，及时采取复垦和植被恢复措施，以减少水土流失，保护生态环境。

4.4.2　绿色生产

4.4.2.1　定义

绿色生产是以矿产资源清洁高效开发与生态环境协调发展为目标的生产方式。对资源开发过程而言，绿色生产节约原材料与能源，尽可能不用有毒有害原材料，并在全部排放物离开生产过程以前就降低其数量和毒性；对产品而言，则是从生命周期分析、获取原材料至产品成品销售过程中，对环境的影响降至最低。

砂石骨料绿色生产具有生产工艺环保化、资源利用高效化、管理规模化、矿山环境生态化的特点，即采用高效、安全、节能、环保的生产工艺和设备做到高效生产；应用节能减排技术使整个生产过程中废气、废水、噪声、固体废物等的排放达到相关标准要求，实现清洁生产；合理进行施工布置，精心组织施工管理，有效控制对施工区域生态环境的影响范围和程度。

4.4.2.2　生产规模及工艺确定原则

一个好的生产工艺流程必须充分考虑到生产规模、物料性质、设备选型的先进性及破碎等方面。

（1）生产规模

根据采矿许可证规定的生产规模，以及目标市场容量确定生产线规模。机制砂石加工系统规模越大、可供选用的设备型号越多，通过相互比较，确定在满足需求的条件下选择最经济的方案，这样可以节约投资，降低生产成本，带来的经济效益是十分可观的；但当其加工系统规模较小时，首先要考虑的是流程简化，能用二段破碎绝不用三段破碎，尽量用较少的破碎、筛分、输送机组达到设计要求。正常生产时，人均工效不低于 100 t/d 或 2.5 万 t/a。

（2）物料性质

岩浆岩、沉积岩、变质岩均可以作为生产砂石的原料，矿石本身的特性决定了砂石成品的质量和特性，不同种类的矿石用于满足不同的工程建设需求。依照相关细则，所选用的矿石在抗压强度和碱活性物质含量等方面有所不同。

产品的粒形是指颗粒的几何形状，产品的粒度是指颗粒的大小。无论是产品粒形还是粒度，都是衡量产品质量的主要工艺指标，作为砂石骨料，不仅对粒度有一定要求，而且要求粒形为立方体。但不同的破碎机生产的产品粒形是有差别的，故产品的粒形与所选破碎机的性能有关，当然与所破碎物料的性质也有关，如层状结构的矿石易产生针片状石料。

物料的晶体结构和抗压强度是影响破碎工艺流程和设备选型的重要因素之一。抗压强度较高的物料不易被破碎，需要选用破碎力大的设备，此时可供选型的设备较少；而抗压强度较低的物料容易被破碎，此时可供选型的设备较多。另外，晶体结构呈粒状的物料易产生立方体状产品，而晶体结构呈层状结构的物料易产生针片状的产品，要选择靠动能破碎的机器或选择带层压破碎原理的机器或增加整粒工序。对这些基本情况进行了解和掌握后，就能够更有针对性、更客观地去确定生产成品质量标准，从而为工艺流程与生产设备的选择提供依据。

（3）设备选型的先进性

破碎机的种类直接影响破碎工艺流程和产品粒度组成。一般而言，具有较高破碎比的破碎机可减少破碎段数，带层压破碎原理的破碎机所得产品针片状较少，旋转式靠动能破碎的破碎机所得产品立方体状较多，而立式冲击破碎机中“石打石”机型的粒形是最好的，但制砂效率不如“石打铁”的立式冲击破碎机。

（4）破碎比

衡量破碎机的破碎效果时常用破碎比这个概念。破碎机的破碎比是指原料粒度与破碎后产品粒度之比，它表示破碎后原料减少的倍数，其计算方法有以下 2 种。

①用破碎前物料最大粒度和破碎后产品最大粒度之比计算

$$i = \frac{D_{max}}{d_{max}} \tag{4-1}$$

式中，D_{max}——破碎前物料最大粒度，mm；

d_{max}——破碎后物料最大粒度，mm；

i——破碎比。

②用平均粒度来计算

$$i = \frac{D_{cp}}{d_{cp}} \tag{4-2}$$

式中，D_{cp}——破碎前物料的平均直径，mm；

d_{cp}——破碎后物料的平均直径，mm；

i——破碎比。

破碎比是确定破碎段数的主要因素，粗碎应选择破碎比 i=3～5，中碎选择破碎比 i=4～5，细碎应选择破碎比 i=5～8，故产品粒度要求越细，破碎段数就越多。只有这样才能最大限度地发挥各级设备效能，从而获得最佳破碎工艺方案。如果某一个破碎环节达不到所要求的破碎比，必然会给下一级破碎造成压力和制约，增加系统故障点，运行可靠性下降，故破碎比的选择和分配是首先要注意的原则。

4.4.2.3　加工设备选型

砂石骨料生产系统涉及的主要设备有破碎机、振动筛、人工制砂机，辅助设备有带式输送机、给料设备、石粉回收设备、供水设备和除尘器等。一般来说，对于大型砂石骨料生产线，其主要设备如粗破碎机、中细破碎机、预筛分和筛分设备等应尽可能在 2 台以上，这样有利于提高系统的可靠性且方便检修。

下面对生产线上必须用到的破碎、筛分、人工制砂设备逐一进行介绍。

（1）破碎设备

破碎设备按照工作原理主要分为两类：

一类为挤压类破碎设备，如颚式破碎机、旋回破碎机、圆锥破碎机等，适合破碎磨蚀指数比较高的原料，产品中石粉含量低，但一般破碎出来的物料针片状颗粒多，泵送性能差；

另一类为冲击类破碎设备，如反击式破碎机、锤式破碎机及立轴冲击式破碎机，其特点是物料破碎比大，结构形式简单，设备维修方便，产品粒形好，物料抗压强度损失小。

砂石骨料生产线常用破碎机及其优缺点和适用范围见表 4-2。

表 4-2　常用破碎机的优缺点和适用范围

设备	优点	缺点	适用范围
颚式破碎机	结构简单，工作可靠，尺寸小，自重较轻，配置高度低，进料口大，排料口可调，价格低	补板磨损块，产品粒形不好，针片状较多，产量低，需强制给料	岩石硬度适应性好，一般用于原料粗破碎，用于中碎设备需小型化
旋回破碎机	单机处理量大，单位能耗低，产品粒形好，大中型机可连续给料	结构复杂，尺寸大，机体高大，维修难，价格高，进料尺寸小，土建施工量大	适用于各种硬度岩石，一般用做粗碎设备，小型机也可用于中碎环节
圆锥破碎机	工作可靠，产量高，粒度均匀，衬板磨损小	结构复杂，维修维护要求高，机体安装尺寸高，价格昂贵	岩石硬度适应性好，骨料生产线上最常用中碎或者细碎设备
反击式破碎机	破碎比大，产品细，粒形好，产量高，能耗低，结构简单	板锤和补板容量磨损，更换和维修工作量大；扬尘严重，不适用于破碎塑性和黏性物料	适用于破碎中硬岩石，用于中碎和制砂设备，目前有些大型设备也用于粗碎
锤式破碎机	破碎比大，产量高，产品粒形好，细料多	锤头破损快，需经常更换，工作扬尘大，原料含水率大于12%，黏性物料无法有效通用	适用于破碎中硬岩石，一般用于细碎设备；有篦条时用于制砂，目前已较少应用

①一次破碎

砂石加工系统的处理规模、岩石岩性和给料粒度决定一次破碎的设备选型，一次破碎一般为开路生产。常用的一次破碎设备有旋回破碎机、颚式破碎机、反击式破碎机。

对于处理规模较大（达到或超过 1 200 t/h）的加工系统，为了保证生产的连续性、可靠性、成品骨料质量，一次破碎时应该选用旋回破碎机，这样能降低后续破碎的负荷，减少后续破碎的投资。加工系统处理规模越大，越能充分体现旋回破碎机的优越性。

对于处理规模较小（小于 800 t/h）的加工系统，如果骨料质量要求不严格，一次破碎时可选用颚式破碎机。颚式破碎机破碎比小，会增加后续破碎的负荷，因产品粒形差，在后续工艺上需要采用整形来获得合格的成品砂石骨料。对于处理中硬以下、低磨蚀性岩石的加工系统，如破碎物料为石灰岩、大理岩等低抗压强度、低磨蚀性的岩石，应选用反击式破碎机。反击式破碎机的破碎比大，可采用二段破碎工艺，可以简化加工系统，减少投资。

②二次破碎和三次破碎

二次破碎和三次破碎一般采用闭路工艺。常用的二次和三次破碎设备有反击式破碎机和圆锥破碎机。圆锥破碎机又有单缸和多缸两种类型。

反击式破碎机的破碎比大、产品粒形好，在破碎石灰岩、大理岩等低抗压强度、低磨蚀性的岩石时，有其独特的优势。针对其进料粒度较大，破碎比高的特点，可以采用二段破碎工艺，简化加工系统。多缸圆锥破碎机的破碎力强、破碎比大，排料调节范围广，在调整产品级配上有较大的灵活性。在性能、破碎产品质量上都优于单缸圆锥破碎机。利用多缸圆锥破碎机破碎比大的特点，采用二段破碎工艺，简化加工系统。例如，瀑布沟水电站左岸砂石加工系统，采用 HP300 多缸圆锥破碎机破碎花岗岩，使加工系统只有二段破碎，减少了系统投资。

（2）筛分设备选型

一个好的砂石骨料生产系统，不仅应该有好的合适的破碎设备，而且应该有合适的筛分设备。为了使成品砂的细度模数、石粉含量符合要求，并且流程结构合理，筛分设备的选型也十分重要。

筛分设备有许多型号和规格，正确选用筛分设备型号和规格，并和破碎机匹配，可以提高破碎设备的生产能力，并节省投资和生产成本。例如，在大规模砂石料生产系统，配用大型香蕉筛，可以减少筛子使用数量，简化流程。

筛网材质的选择，不仅关系到筛网的使用寿命，而且关系到筛网开孔率和筛分效率。钢丝筛网开孔率和筛分效率都较高，但使用寿命非常短，而树脂筛网开孔率和筛分效率都较低，但使用寿命长。

矿山企业应结合实际生产情况，综合考虑筛分设备的工作面积和通过能力；来料方向骨料输送设备与振动筛之间的下料溜槽尺寸与振动筛工作面尺寸应配合得当，保证骨料在筛面上均匀分布；根据筛分时产生的扬尘量匹配收尘器，保证生产现场空气质量符合环保要求；根据振动筛出料溜槽和料斗的耐磨性能与物料下落过程中噪声污染的防护来合理选用筛分设备。

（3）制砂设备选型

砂石骨料生产线的制砂系统主要由立式冲击破碎机、棒磨机、振动筛、级配调整设备、空气筛（或螺旋洗砂机）组成，常用棒磨机和立式冲击破碎机两种设备来生产成品砂。

棒磨机：砂的细度模数容易调整（在实际生产中可做到在细度模数 = 2.4～3.0 的范围来调节生产）、砂级配好、生产稳定，但生产效率低、运行成本高、土建及安装工程量大，近几年逐渐被其他新型制砂设备取代。

立式冲击破碎机：一方面以设备自重轻、维修简单、土建量少、功耗低、产品粒形好等优点为人们所采用，另一方面调节破碎机的线速度可有效地控制产品的质量、产量和易损件的寿命。在选用时应视岩石硬度条件确定是单独制砂还是与其他设备联合制砂，通常应用于中等硬度以下的岩石，且岩石的磨耗指标低时，可单独制砂。

因此，对于成品砂质量要求高的工程项目，常采用立式冲击破碎机与棒磨机联合制砂的工艺，尤其是高磨蚀性的硬岩加工系统，常以立式冲击破碎机为主要制砂设备，通过棒磨机实现成品砂细度模数与石粉含量的调节。立式冲击破碎与棒磨机联合选用，是一种较完美的、可靠性强的制砂设备设计模式。

4.4.2.4 成品率

由于天然砂石资源及治理和保护环境的需要，我国砂石骨料产业进入了重要的转型时期。目前我国砂石产业需要调整结构、转型升级，加快工业化的发展进程，通过主动转型，选用新技术、新工艺来加快企业绿色矿山建设进程，根据原料品质分级利用砂石资源，做到优质优用，提高砂石产品的成品率。砂石矿山企业提高砂石成品率可以从以下几方面着手。

①砂石骨料生产线设计应符合《机制砂石骨料工厂设计规范》（GB 51186—2016）的要求，体现节能、环保、安全、高效等特点。

②矿山企业应根据母岩材质性能、产品结构、产能要求等选择先进工艺和设备，结合企业实际，因地制宜地采用多段破碎、多重闭路和多重循环的生产工艺。

③矿山企业应分级利用砂石资源，工艺系统应具有较强的成品级配调节能力，保证不同施工时段骨料耗用级配的平衡，做到优质优用。

④砂石企业应加大科技资金投入力度，加大研发力度和产品质量检测力度，不断提高产品质量，不断推出新产品。砂石骨料产品质量应符合《建设用砂》（GB/T 14684—2022）、《建设用卵石、碎石》（GB/T 14685—2022）等标准的要求，粒形和级配要求高时应设置整形和级配调整工序进行深加工。

⑤砂石的成品率与分离有密切关系。石子破碎程度与卸料落差、转运堆存次数及岩石性质有关。卸料落差越大，则破碎率越高，成品率就越低，其中特大石的破碎尤为严重。所以净料的自由跌落高度一般在 2 m 内，超过这一限度，应设置缓降设备（如阶梯式和螺旋式缓降器）。

⑥骨料转运堆存次数增多，跌撞破碎量相应增大，成品率也随之降低。对中石（直径 20～40 mm 的石料）以上的净料，在工艺布置上，应尽量减少转运次数，缩短运输距离，采用大功率和长度长的皮带机。同时，在皮带机转运点上，高度应控制在 15 m 以内，并在用于衔接的溜槽内衬以橡皮，减少石料冲击造成的破碎，从而提高砂石成品率。

4.4.3 绿色仓储

4.4.3.1 定义

绿色仓储是指以环境污染小、货物损失少、运输成本低为特征的仓储方式，其本质是促进绿色物流运转的物资集散中心。绿色仓储要求仓库布局合理，利用已有的社会物流资源，建设陆路、水路大型绿色集散和物流中心；优化运输路线，降低运输成本；减少仓储本身对周围环境的污染，仓储建设材料应选用绿色环保建材。

4.4.3.2　作用

（1）提高运输效率

仓储和运输密不可分，仓库布局的好坏将直接影响到运输的成本和效率。绿色仓储要求合理地选择仓库的地址和有效地安排仓库的使用空间，这在一定程度上能提高运输的效率，减少空车率，提高满载率，有效降低运输的费用，从而提高企业的竞争力。

（2）有效保护产品，节约资源

绿色仓储要求在储存产品的过程中，严格按照产品本身的特征和要求进行存放、装卸和搬运，以此来减少产品在储存和搬运的过程中造成的破坏，节约资源。以砂石骨料绿色仓库为例，按照骨料规格隔离分仓堆放，可有效防止堆存成品混级；仓库建设方式为全封闭建设，可有效防止泥土等杂质混入其中，保持砂石成品洁净。

（3）保护环境

绿色仓储建设前应进行生态景观等环境评估工作，充分考虑当地的环境，避免因为仓库的建设和货物的存储造成潜在的环境破坏因素。

4.4.3.3　构成

绿色仓储由选址要求、内部布局、仓库设计、仓储设施四部分构成，仓库设计又可以从仓库建设材质、仓库结构设计、仓库屋顶三个角度考虑。

（1）选址要求

仓储选址事关流通环节的物流成本和对环境的影响程度。在仓储选址时，应当从全面的、整体的、战略的角度进行系统考虑，将绿色、环保、经济、成本等因素纳入仓储选址决策，既降低物流成本、提高经济效益，又实现仓储的绿色效益和环境效益。

首先，仓库应当选址在交通方便的枢纽位置，缩短仓库与流通节点的运输距离，减少汽车尾气排放和减轻环境污染。

其次，绿色仓储不仅要保护好仓库周围的环境，而且要与仓储毗邻地区的景观相协调，采取有效的污染防护措施，最大限度地减少仓储生产对周边环境的影响。

（2）内部布局

绿色仓储内部布局应当使仓库内部空间布局合理，资源得到充分利用。一方面，要方便仓储作业人员的场内作业，最大限度地利用仓储空间资源，提高仓储作业效率，降低仓储成本；另一方面，要方便仓库物品的管理和保养维护，降低仓库产品因管理不善和维护不周所造成的损失，从而减少废弃物的产生和环境污染，提高仓库布局的绿色化效益。

在仓库内部的布局过程中，企业应该以绿色环保的科学思想着眼全局，按照仓库库存砂石骨料粒度对仓库平面进行规划分区，各个分区均应进行地面硬化，并协调好各库区的库存，优化库区作业流程，设置相应的入库验收区、存货区、滞销区等功能分区，各分区之间通过便捷的通道相连，以便砂石骨料存放、装卸和搬运，提高整个仓库物品的流通效率。

（3）仓库设计

仓库建设倡导绿色、环保、可持续、可循环利用的理念，按照节能、节水、节地的原则，从仓库建筑材料、结构设计、屋顶发电、采用节能仓储设备等角度实施仓储的绿色化，从仓库设计的角度推进仓储的绿色化进程。

仓储企业将绿色、环保等因素融入仓储建筑材料的选择和使用过程，尽可能使用可循环利用的环保材料，提高资源的利用效率，减少废弃物排放。具体在仓库的结构设计过程中，应充分考虑仓库的通风、照明、蓄水等功能，最大限度地利用自然光、自然风、自然雨等自然条件，减少人为的灯光照明系统、通风设备以及采排水系统的使用。

例如，利用自然光，能够减少照明系统的采购和使用，节约电能和降低成本；采用排水系统既可以防止积水又可以充分收集雨水，回收的雨水可对仓库周边的绿化设施进行灌溉；综合利用仓库屋顶，在仓库屋顶采用太阳能光伏能源技术，铺设分布式光伏电站装置，将太阳能直接转化成电能，可以为仓库内部的照明系统、通风、空调及库区内的路灯、电动叉车充电站和库区办公区提供电力，节约资源。

（4）仓储设施

绿色仓储应采用机械化、自动化、智能化的先进仓储设备，这样既可以推进仓储作业提高运作效率，又可以缩短作业时间。例如，在卸料过程中会出现落差过大的情况，宜辅以梯式或螺旋式缓降器进行卸料；宜采用动臂堆料机进行分层堆料，逐层上升，避免堆料过高及转运量过多。同时，应使用新型节能的照明系统、制冷制热系统和通风设备，有利于节约电能、降低仓储成本、推进仓储的绿色化进程。

4.4.4 绿色运输

我国砂石骨料运输产业在砂石行业中占据举足轻重的地位，据统计砂石行业每年运输费用约占行业总产值的 30%。目前，我国砂石骨料行业的砂石运输方式多种多样，如何实现绿色运输，合理确定运输手段和路线，对资源节约和环境保护具有重要的意义。

据测算，如果砂石骨料全行业实现绿色运输，碳排放量减少至少在百万吨级。

4.4.4.1　定义

绿色运输是指以节约能源、减少废气排放，减少对人体健康与安全影响为特征的运输方式。砂石骨料绿色运输的实施途径主要包括合理选择运输工具和运输路线，避免迂回运输和重复运输；使用清洁燃料以提高能效；采取合理措施防止运输过程中的物料遗撒和扬尘，避免造成环境污染。

4.4.4.2　工作概况

2016 年 12 月 29 日，国务院新闻办公室发表的《中国交通运输发展》白皮书指出，“十三五”期间，我国要推动运输服务绿色智能发展，推进交通运输绿色发展，加强标准化、低碳化、现代化运输装备和节能环保运输工具推广应用。

2017 年 2 月 3 日，国务院印发了《“十三五”现代综合交通运输体系发展规划》，提出“十三五”期间，要更加注重提高交通运输体系绿色、低碳、集约发展水平，要进一步促进交通运输绿色发展。

2018 年 12 月 3 日，中国建筑材料联合会、中国砂石协会共同发布了《砂石骨料绿色生产与运输评价标准》（T/CBMF 39/T/CAATB 002—2018），该标准明确了砂石骨料绿色生产评价指标、绿色运输评价指标，是我国第一个规范砂石行业绿色运输评价的行业团体标准。

4.4.4.3　运输方式

（1）汽车运输

砂石骨料产品有效的供给半径为 150 km。长期以来，砂石骨料几乎 90%以上用重载卡车运输，行驶路面一般为国道、省道及一般公路，因其超载、超限现象较为突出对路面也造成较大的破坏；粉尘溢出量较大给沿途环境带来二次污染；一辆重载卡车尾气排放量相当于 220 辆小客车，多数城市均出台了禁止大货车进入城市的相关规定。短距离运输推广使用新能源 CNG（压缩天然气）、LNG（液化天然气）车辆，也可采用皮带管廊运输。

（2）公路和铁路联合运输

中长距离运输宜采用公路运输与铁路集装箱运输相结合的模式，该模式解决公路和环境压力过大的问题，并逐步减少公路运输量，增加铁路运输量，有效降低交通拥堵程度和减少交通安全隐患，避免道路遗撒和扬尘，既解决二次倒运导致的成本增加，又能实现砂石运输和搅拌站绿色化生产的接续。

一趟专列 100 箱、3 200 t 运量的火车，可相应减少 100 辆公路大货车的运量，再采取公路和铁路联合运输的方式，由环保型卡车将产品运往目的地，全程中铁路运输占

90%，碳排放量较传统公路运输则会减少 80%。以北京市建筑市场为例，该市场每年共计需要建筑原材料（砂石）约 1 亿 t，如果将其全部改为“公转铁”建材专列绿色运输，将每年减少近 300 万辆大型货车对大气的污染量。

（3）船舶运输

由于柴油机综合排放指标高，燃气发动机货船是未来的发展趋势。

4.4.5 资源综合利用

资源综合利用主要是指在矿产资源开采过程中对共生、伴生矿进行综合开发与合理利用；对生产过程中产生的废气、废水（液）、废渣、余热、余压等进行回收和合理利用。根据废弃物的实际情况，选用合适的技术和工艺装备，可以提取新的矿产品和生产各种材料和原料。废弃物还可以用于充填、复绿、土壤改良等生产或再生产过程。

4.4.5.1 泥料利用

泥料是加工生产建筑骨料过程中的工艺副产物，其主要来源于湿法生产中的沉淀泥浆经脱水干化后形成的尾泥或泥饼。泥料的化学成分与骨料类似，主要为 SiO_2 和 Al_2O_3，可作为轻质陶粒的主要原料。轻质陶粒具有良好的市场需求和应用前景，将泥料作为陶粒生产的原料有望实现泥料的规模化利用。

本节以国内某砂石公司（以下简称 A 公司）利用石矿泥料加工轻质陶粒为例，探讨砂石骨料矿山综合利用泥料的措施。

（1）泥料主要成分及烧制可行性

A 公司使用的泥料是加工安山岩生产建筑骨料过程中的工艺副产物，泥料的化学成分（表 4-3）主要为 SiO_2 和 Al_2O_3，两者的含量占 82.52%，Fe_2O_3、K_2O、MgO、CaO、Na_2O 含量为 12.86%，烧失量为 2.8%。

表 4-3 原料化学组成 单位：%

原料	化学成分							
	SiO_2	Al_2O_3	Fe_2O_3	K_2O	MgO	CaO	Na_2O	烧失量（LOI）
泥料	61.69	20.83	3.71	3.14	0.79	3.58	1.64	2.80
电石渣	2.95	1.07	0.84	—	0.23	62.45	—	21.33
粉煤	4.10	2.01	0.54	0.14	0.10	0.75	0.16	89.76
市政污泥	12.01	7.87	5.16	1.34	0.89	2.95	0.31	50.00
石灰石	0.15	—	0.02	—	0.13	99.67	—	45.00

A 公司泥料主要矿物成分为长石、钙铁辉石、石英等，这类矿物在 1 100～1 300℃下能发生反应生成新的矿物并伴随着一系列的相变。其中，泥料中还含有少量方解石和沸石等高温产气矿物组分，在高温下焙烧能形成蓬松多孔的结构。泥料的粒度在 0.074 mm 以下，中值粒径小于 10 μm，具有很高的比表面积，而且颗粒具有较强的亲水性，所以具有较好的可塑性，满足生产陶粒的要求。陶粒胚料中起骨架作用的 SiO_2 和 Al_2O_3 的适宜含量分别为 40%～79%和 10%～25%，Fe_2O_3、K_2O、MgO、CaO、Na_2O 等成分可起到良好的助熔作用，其总含量宜维持在 13%～26%。

研究表明碱或碱土金属能降低陶粒的烧成温度，而酸性氧化物则相反。可通过掺入一定比例的电石渣、石灰石粉提高碱性氧化物占比，有助于降低软化温度、节省烧制能耗。导致陶粒坯体高温膨胀的原因是部分矿物发生分解反应产生的气体，为了促使陶粒内部孔隙的形成和发育，常需要添加一定量的产气材料。由表 4-3 可以看出，粉煤、市政污泥和石灰石等辅料的烧失量均较高，主要是因为上述材料中的 $Ca(OH)_2$、挥发分、碳、有机质和方解石等在高温下发生分解，生成了气态挥发物，具有很强的产气性能，以其作为陶粒原料中的辅料有助于提高陶粒的内部孔隙率。

（2）烧制工艺及结果分析

A 公司设计了两种泥料陶粒配料方案，方案一为泥料、电石渣和煤粉；方案二为泥料、市政污泥和石灰石粉。以焙烧温度、预热温度、焙烧时间和预热时间作为烧制因素，陶粒性能指标依照《轻集料及其试验方法》（GB/T 17431.2—2010）进行测定。

方案一：泥料、电石渣及煤粉陶粒烧制试验。

以泥料为主要原料，采用电石渣和粉煤作为辅助材料，考察烧制方案对各种配方陶粒性能的影响。经过探索试验，确定了泥料用量应不少于 80%、粉煤灰最高用量不超过 15%，电石渣最高用量 20%（表 4-4），采用正交试验安排了 9 组试验（表 4-5）。陶粒样品的测试结果见表 4-6，部分陶粒的样品见图 4-2。

表 4-4　泥料陶粒的原料配方　　单位：%

配方	泥料	电石渣	粉煤
A	80	20	0
B	80	10	10
C	85	0	15
D	100	0	0

表 4-5　烧制方案正交试验

试验编号	预热温度/℃	预热时间/min	焙烧温度/℃	焙烧时间/min
1	400	5	1 200	10
2	450	5	1 100	5
3	500	5	1 150	15
4	400	10	1 150	5
5	450	10	1 200	15
6	500	10	1 100	10
7	400	15	1 100	15
8	450	15	1 150	10
9	500	15	1 200	5

表 4-6　陶粒的主要性能指标结果

序号	配料	堆积密度/（kg/m^3）	表观密度/（kg/m^3）	吸水率/%	筒压强度/MPa
1	A	339.6	685.52	0.80	0.92
	B	393.7	734.56	0.54	2.48
	C	698.0	1 358.49	0.83	25.99
	D	1 052.0	2 026.32	1.00	63.18
2	A	763.0	1 957.89	17.20	32.84
	B	671.4	1 969.23	24.61	31.89
	C	804.7	1 900.00	11.28	42.82
	D	993.8	2 300.00	6.16	135.09
3	A	399.1	1 014.89	32.91	6.84
	B	335.4	650.65	2.40	1.04
	C	728.9	1 510.34	3.40	21.23
	D	1 105.7	2 150.00	0.00	99.62
4	A	536.9	1 172.09	18.19	13.48
	B	386.7	822.22	0.79	6.98
	C	783.5	1 850.00	0.90	38.27
	D	1 064.9	2 020.51	0.00	46.15
5	A	281.9	528.06	4.49	0.61
	B	502.9	914.29	0.14	2.00
	C	708.4	1 358.62	1.18	15.23
	D	976.3	1 907.32	0.00	34.63
6	A	751.0	1 936.84	17.80	48.76
	B	695.0	1 782.05	26.62	11.19
6	C	890.7	1 757.89	5.69	34.98
	D	1 127.1	2 076.32	6.84	57.96
7	A	794.7	1 938.46	18.65	35.66
	B	914.7	1 856.76	9.32	27.55
	C	918.7	1 815.79	3.91	28.38
	D	1 070.8	2 115.07	6.48	151.71
8	A	455.0	1 012.70	19.59	13.44
	B	437.9	748.24	0.47	7.99
	C	865.0	1 628.24	1.88	29.08
	D	1 285.0	2 267.65	0.00	85.20
9	A	272.5	532.00	14.29	1.38
	B	481.4	818.52	0.30	4.45
	C	840.0	1 529.55	1.78	26.03
	D	1 180.0	2 226.09	0.00	97.19

图 4-2 陶粒烧成品

由表 4-6 结果综合分析：

①焙烧温度为 1 150～1 200℃时，电石渣具有良好的发泡效果，添加 20%的电石渣在 1 150℃的焙烧温度下能够制取 400～800 kg/m^3 密度级轻质陶粒，焙烧时间为 5 min。

②对应陶粒堆积密度为 537 kg/m^3，强度为 13.48 MPa，综合性能较好。

③以粉煤灰（固定碳含量为 55%）作为发气材料，其添加量为 10%和 15%时，各温控制度下制备的陶粒密度在 400～800 kg/m^3，且强度比电石渣尾泥陶粒高。

④电石渣与粉煤灰同时添加能有效降低陶粒的烧成温度和吸水率；两者同时添加时电石渣的添加量应低于 10%，避免陶粒内部形成大气孔而降低陶粒强度。

方案二：泥料、石灰石粉及市政污泥陶粒烧制试验。

利用尾泥、市政污泥及石灰石粉为原料（表 4-7）泥料占比在方案一基础上作进一步调整，增大市政污泥的掺量，每种配方均掺入 10%的石灰石粉，在一定程度上能降低坯料在高温下的软化熔融温度，所以将焙烧温度在尾泥、电石渣及煤粉陶粒烧制试验的基础上适当降低，控制在 1 110～1 150℃范围内（表 4-8）。陶粒内部孔隙结构见图 4-3。

表 4-7 陶粒原料配方 单位：%

配方	尾泥	市政污泥	石灰石粉
Ⅰ	50	40	10
Ⅱ	60	30	10
Ⅲ	70	20	10
Ⅳ	80	10	10

表 4-8 陶粒烧结方案设计

试验编号	焙烧温度/℃	焙烧时间/min
1	1 110	20
2	1 130	20
3	1 150	20
4	1 130	5
5	1 130	10
6	1 130	15
7	1 130	20

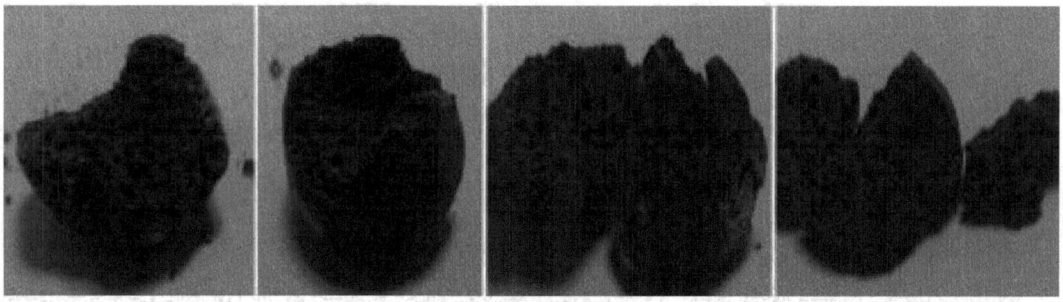

图 4-3 陶粒内部孔隙结构

表 4-9 试验结果

焙烧方案	配方	堆积密度/（kg/m^3）	表观密度/（kg/m^3）	吸水率/%	筒压强度/MPa
1	Ⅰ	634	1 363.0	25.4	4.14
	Ⅱ	653	1 467.4	23.1	4.47
	Ⅲ	671	1 374.4	25.0	4.88
	Ⅳ	725	1 309.4	24.0	6.41
2	Ⅰ	619	1 745.2	5.0	5.17
	Ⅱ	628	1 580.5	4.0	5.72
	Ⅲ	642	1 444.4	3.0	6.05
	Ⅳ	698	1 466.7	4.7	6.38
3	Ⅰ	589	2 057.5	0.2	0.26
	Ⅱ	577	1 681.6	0.7	0.79
	Ⅲ	590	1 522.0	0.3	1.07
	Ⅳ	612	1 447.5	0.3	1.35
4	Ⅰ	677	1 768.5	9.6	3.17
	Ⅱ	677	1 749.8	9.6	6.79
	Ⅲ	770	1 680.4	8.7	8.61
	Ⅳ	768	1 592.2	9.8	1.07

焙烧方案	配方	堆积密度/（kg/m³）	表观密度/（kg/m³）	吸水率/%	筒压强度/MPa
5	Ⅰ	676	1 727.4	5.6	4.14
	Ⅱ	734	1 688.5	3.5	7.07
	Ⅲ	737	1 622.7	1.9	8.88
	Ⅳ	760	1 556.0	2.6	10.3
6	Ⅰ	736	1 587.6	1.5	4.2
	Ⅱ	733	1 591.9	1.8	6.34
	Ⅲ	746	1 532.4	1.3	5.69
	Ⅳ	760	1 540.5	1.3	7.9
7	Ⅰ	619	1 545.2	3.0	4.14
	Ⅱ	659	1 480.5	2.0	4.47
	Ⅲ	662	1 444.4	2.0	4.88
	Ⅳ	698	1 516.7	2.7	6.41

由表 4-9 结果综合分析：

①各温度下烧制的陶粒性能皆符合国家标准；保温时间对堆积密度与表观密度的影响较小，对吸水率与筒压强度的影响较为明显；筒压强度随保温时间的增加先上升后下降；

②污泥比例对陶粒质量具有重要影响，随着污泥比例的增高，陶粒表面裂纹增多，内部空隙越大、堆积密度越小、筒压强度也越小；

③在泥料 80%、污泥 20%、石灰石 10%的配比下，最佳烧制制度为预热温度 500℃、预热时间 20 min、焙烧温度 1 130℃、焙烧时间 10 min，可以获得堆积密度为 760 kg/m³、表观密度为 1 556 kg/m³、吸水率为 2.6%、筒压强度为 10.3 MPa 的陶粒产品。

从以上分析可以看出，A 公司以工艺泥料为主要原料，设计的两种配方在相应的烧制温度下均可获得性能符合国家标准的轻质陶粒产品。泥料的规模化利用有助于节约矿产资源，减少固体废物排放，节省堆存空间，保护矿区环境，对建设绿色矿山具有良好的支撑效应。

4.4.5.2　石屑和石粉利用

石屑和石粉是岩石在破碎筛分工序产出的副产品，钙质石粉和吸附性较低的硅质石粉可用于生产水泥、混凝土和砂浆，或进行产品深加工，提高产品附加值；吸附性较高的硅质石粉可用于生产砂浆、环保透水砖、新型墙体材料、陶瓷、水泥用硅质原料等；含钙量较高的石灰岩类原料产生的粉体，可以用来作为火电行业的脱硫剂使用，也可作为沥青混凝土的钙质矿粉使用。

A 公司采用湿法工艺生产，砂石骨料原岩主要为安山岩，是优质的高规格混凝土砂石料生产原料，对石屑制备人工砂的采样检测主要参数有：

①石粉含量≤7%。

②亚甲蓝 MB 值≤10%。

③粒形优秀，针片状颗粒含量≤5%。

④粒径范围连续级配。

长期生产的统计结果表明，A 公司年产直径 0.075～5 mm 的石屑 110 余万 t。根据泥块含量分类及与混凝土强度关系进行统计（表 4-10）。

表 4-10 泥块含量分类及与混凝土强度关系统计

类别 \ 项目		MB＜1.4 或合格		MB≥1.4 或不合格	
		石粉含量/%	泥块含量/%	石粉含量/%	泥块含量/%
I		＜3.0	0	＜1.0	0
II		＜5.0	＜1.0	＜3.0	＜1.0
III		＜7.0	＜2.0	＜5.0	＜2.0
混凝土中人工砂的石粉含量/%	≥C60	≤5.0		≤2.0	
	C55～C30	≤7.0		≤3.0	
	≤C25	≤10.0		≤5.0	

注：①以上资料参考《普通混凝土用砂、石质量及检验方法标准》（JGJ 52—2006）。

②石粉和泥块含量均按质量百分比计量。

③石粉含量控制在 8%～10%时，对各种强度要求的混凝土都能起好的作用，对水泥含量低的普通混凝土，石粉含量可以用到 15%或更多，关键在于控制好亚甲蓝 MB 值，使用亚甲蓝 MB 值小于 0.5 的石粉，效果最好。

④石粉具有完整的微级配和较高的表面能，其亲水性在混凝土的界面起到很好的保水作用。它使浆体密实，孔隙率减小；使水化物结晶颗粒尺寸变小，取向程度下降；降低了骨料周围浆体的实际水灰比；改善了混凝土的和易性。

根据表 4-10，A 公司制备的人工砂可以替代天然砂作为不同强度混凝土原料。表 4-11 为人工砂替代天然砂和粉煤灰进行混凝土砌块试样的实验参数。

表 4-11 人工砂替代天然砂和粉煤灰的混凝土砌块实验参数

实验序号	砌块用量/（kg/m^3）		抗压强度/MPa		
	人工砂	外加剂	3 d	7 d	28 d
C20	650	3.75	7.7	13.7	25.8
C30	650	5.22	12.0	20.3	35.1
C35	650	5.46	12.2	22.9	40.7

A 公司的石粉回收和石屑制备人工砂工艺基于湿法生产，现将其主要工艺叙述如下。

①对破碎系统进行封闭，并在主要粉尘溢出点进行雾化除尘。

②石屑在破碎整形机上深加工，改善粒形，并进行分级，形成直径为 3～6 mm 和 0.075～3 mm 两种规格的产品。

③对湿法筛分水冲工艺所产生的含石粉污水进行水砂分离，并通过压滤去水回收直径<0.075 mm 的细石粉。以上工艺改造完全回收石粉，以最低的能耗实现了破碎系统无尘化，同时，将石屑加工成符合标准的人工砂。以上工艺所形成的无尘破碎及石屑制备人工砂的湿法工艺如图 4-4 所示。

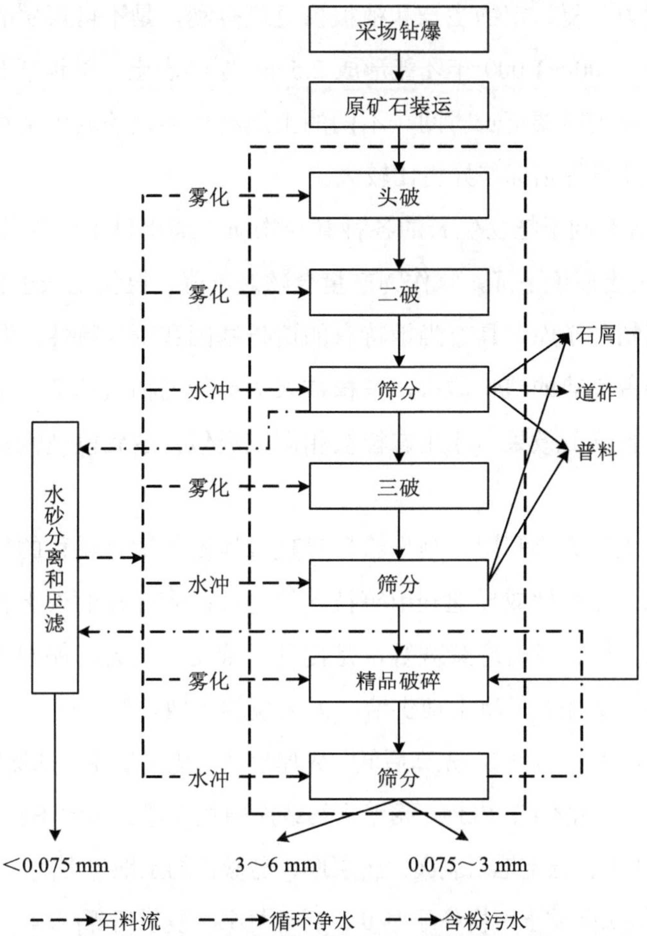

图 4-4　无尘破碎及石粉制备人工砂的湿法工艺图

综上所述，A 公司石屑和石粉再利用的发展思路主要从低能耗绿色生产技术、人工砂替代天然砂的可行性分析、国家最新普通混凝土用砂石标准符合性三个方面展开，通过实验、技术改造等手段，完全回收了岩石破碎过程中的粉尘，石屑单吨利润由原来的 7.5 元提高到 12 元，实现了低价值资源和废弃资源的高附加值利用。A 公司成功实现了石屑和石粉资源的高附加值利用，提高了矿产资源综合利用水平，为探索人工砂大规模替代天然砂提供了一个可行的解决方案。

4.4.5.3 表土和渣土利用

（1）表土利用

1）表土剥离措施和要求

表土是土壤剖面中靠近地表的最顶层，是适合耕种土壤的表层，其有机质和微生物含量多，对土壤肥力恢复、植物生长和植被恢复最有利，是不可再生的、生态价值重要的稀缺性基础资源。200～1 000 年才能形成 2.5 cm 厚的表土，林地或牧场等类型土壤的表土形成相同的厚度则需要更长时间。不同的土地利用类型的表土层往往不同，其表土层的分布、厚度、质量等指标差异也比较大。

1 hm^2 表土中含有利于植物生长的各种营养物质，能提供植物生长所需 95%的氮和 25%～50%的磷。表土厚度下降，农作物产量会随之下降，植物生长也会受影响。表土中还含有大量本地植物种子库，具有当地特有的遗传基因和变异特性，利用表土进行植被恢复将形成乡土种占优势的植物群落，是植被天然更新的物质基础，可以有效地保护生态多样性，力求植被恢复效果与原生态植被相同或类似，达到植被恢复与周边生态环境的和谐统一。

表土剥离即表土剥离再利用，是指将项目建设涉及的适合耕种的表层土壤剥离，搬运存储到指定场地，在原地或异地利用等技术的总称。有计划的表土剥离，用以土壤改良、土地复垦、恢复植被及营造景观等，是提升土壤生产能力、保护土地、治理生态环境的重要举措，有利于提高优质土地供给，大大缓解人地矛盾。

表土剥离应遵循“先永后临、先高后低、先厚后薄、先易后难”的原则。先剥离永久占地区域，后剥离临时占地区域；农地、撂荒农地或腐殖质层厚的林地等肥力较高的土地先剥离，一般荒草地的肥力较低土地后剥离；土层厚、易操作的土地先剥离，土层薄、难操作的土地后剥离。根据剥离区域土壤耕作层厚度、后期复绿、复耕所需回填土量确定剥离厚度，剥离厚度还受地形地貌、土地利用类型、坡度坡向、交通等因素的影响。土壤质量一般随土层深度的增加而降低，表土剥离后对于表土原区域的恢复会有极大地影响，因此不宜过深剥离表土，以免导致人力、财力、物力和表土资源的浪费，甚至引发新的生态问题。不同土地利用类型的表土厚度各异，剥离厚度在 20～80 cm，主要有梯田模式表土剥离、条带复垦表土外移剥离等方法。表土剥离会对土壤的理化性质和生物特性产生极大的不利影响，导致土地质量下降，还会破坏土壤种子库，导致土壤种子流失。因此，要在表土剥离时采取有效措施，以降低剥离对表土的影响，减少表土资源的浪费，最大限度地发挥表土资源价值。

2）表土堆放要求和措施

表土剥离后应采用适当方法装运至合法合规的临时堆放场地，并按照由内而外的顺序堆放。表土堆放场地一般在建设项目区域内临时设置；堆置过程中应避免机械过度辗压，以免破坏或影响表土。堆置时间一般由矿山建设进度而定，表土堆高一般不超过 5 m，坡比不超过 1∶1.5，表土与熟土及不同土地利用类型的表土应分层、分堆堆放。

表土的堆存与矿山开采及复垦的进度有关，一般在几个月至几年。表土堆存期内，降雨侵蚀和表土的自然沉降会导致表土营养元素大量流失、土壤结构变化，表土中的养分含量（如氮、磷、钾等）会减少 40%～50%，减少表土种子库，大大降低表土的质量。而随堆存时间的增加，土壤容重、植被覆盖率均呈递增趋势，与堆存时间呈正相关关系，土壤孔隙度逐渐减小，与堆存时间呈负相关关系，有机质、团聚体含量均呈先减小后增加趋势。

因此，堆存期要采用如拦挡、排水、沉沙、撒草籽、覆盖等工程、植物和临时措施进行防护，以维护表土生产力，避免因表土堆存造成水土流失，引发新的生态环境问题。

3）表土再利用

剥离的表土可用于土壤改良、污染治理、植被恢复等方面。回覆表土能够增加有机质含量，提高土壤的理化性质，进而提升土壤发育初期的质量，促进土壤的形成过程，还能够提高生物多样性，利于植物的生长以及本土植被群落的演替，达到回覆表土区域与周边生态环境的和谐统一。随着表土回填厚度的增加，土壤的抗冲、抗蚀性也随之增强。

表土利用应遵循“先原后异、先永后临、先高后低”的分配原则，即剥离表土应先满足原地利用，用于自身永久用地的绿化或复垦，然后再考虑异地利用，用于其他项目的景观绿化和复垦、低劣耕地的改良或者用于造地。绿化中表土的利用方法主要有采集周边表土直接喷播、将表土混入植栽基质中进行喷播、将表土装在土壤袋中使用等。

不同地区及土地利用方式覆土的厚度也不同，黄土高原区的土石山区覆土厚度在 30～100 cm，东北黑土区农田覆土厚度在 30～80 cm，北方土石山区覆土厚度在 30～50 cm，南方红壤丘陵区覆土厚度在 20～60 cm，而西南土石山区覆土厚度在 10～50 cm。覆土方式主要有平面均匀、圆形点状、坑状、带（条）状 4 种方式。

（2）渣土利用

渣土来源于矿山剥离产生的废石或夹石，经排土作业运输到排土场排弃。

1）渣土堆放的优化措施

露天采矿的渣土场工艺主要包括平台和边坡优化等，均属于地貌重塑措施。渣土场建设过程中，充分利用这些工艺对渣土场进行场地优化，为恢复渣土场生态多样性提供稳定的生境。渣土场从外观看，呈现平盘与边坡截然分明、相间分布的阶梯状地形。渣土场地形的改变，会对其生态环境产生不同的影响，尤其是坡度比例的不同，会导致降水、热量产生偏差，进一步影响渣土场物质的分散、搬运和沉积。

①平台优化

平台优化就是对平台进行平整后塑造微地形，按照四周高中间低的方式对地形进行塑造，边高与中心的最低高度差不应过大或过小，以 20 cm 左右为宜。

②边坡优化

边坡普遍存在的是设计不合理导致的稳定性差和水土流失严重等问题。边坡的地形优化运用力学相关知识，边坡与水平面的夹角应满足相关规范要求（图 4-5）。

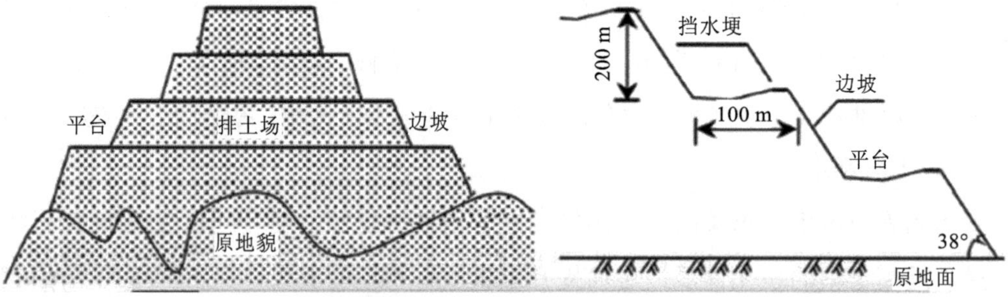

图 4-5 渣土场

2）渣土的改良和二次利用

采矿过程中产生的大量废土、废石等废弃物不同于普通的土壤，通常含有混合的土壤、不同粒径的沙砾、尾矿废物及其风化产物等，需要经过重构等过程后再加以利用。

土壤重构是为生物生长和繁殖提供良好的环境而提出的工程措施，是进行植被恢复必要的准备工作，其内容包括运用物理、化学、生物等方法结合工程实施，因地制宜地构造一个适宜筛选物种生长的土壤环境，在较短时间内恢复和提高土壤的肥力，改善土壤的生态环境。有学者提出，矿区土地复垦技术研究的重点应该先以土壤重构为主要攻坚方向，并非将复垦重心停留在生物因素上，要做好矿区生态修复的主要任务是前期构造一个最优的土壤环境，物理、化学和生物条件适应土壤生物生长和繁殖。土壤重构主要采用的方法有：

①对渣土场施加消化污泥达到改善土壤理化性质的目的。

②利用微生物提高土壤肥力。

③布膜去除有害物质。国外有用于土壤重构的土工布技术，通过选取聚乙烯丙纶、涤纶针刺、涤纶复合土工布和 HDPE 土工膜等不同的土工布，防止重金属对土地的污染。

④施加营养物质。地貌重塑后的土壤肥力差，可施加合理配置后的有机肥和无机肥，增加土壤中的有机质和矿物质，提高土壤肥力。

经过熟化与重构的土壤可用于矿区植被恢复，植被恢复不仅可以优化土壤的结构和质地，还可以增加土壤的生产力和水土保持能力，进一步减少水土流失，改善局部地区生态环境和污染问题，达到矿区生态恢复和污染治理的目的。植被恢复提高了土壤的再生性能，同时减少渣土场平盘和边坡的地表径流和土壤侵蚀。土壤中的 CO_2 通量、脱氢酶活性、有机碳、土壤粗粒含量和含水量是影响矿区复垦土壤质量的重要标准，不同树种对根际土壤质量的改善程度，为砂石矿废弃地的土地复垦筛选适宜树种提供了重要指标。

判断复垦土壤是否适宜植被恢复的指标主要有 pH、土壤层深度、保水能力、稳定入渗、渣土场的岩性、地貌特点。矿区生态恢复筛选的复垦植物一般要具有耐盐、耐旱、耐贫瘠、耐高温灼烧、抗腐蚀、生长周期短、根系发达及较强的重金属富集能力等特点，保证其在恶劣环境中可正常生长。

不同环境下的筛选植物有多种选择，从生物多样性的角度出发，应对多种植物进行不同组合种植。不同环境中复垦植物的选择应遵循以下原则：

①生长周期短、对环境有较强的适应性、植株抗逆性好，能快速生长和适应环境。

②考虑到氮作为植被恢复所需的主要元素之一，应优先选择有固氮能力的树种。

③优良乡土树种和先锋树种优先考虑，也可慎重引进合适的速生树种。

④树种选择不仅要考虑性价比，更应考虑是否对当地土地复垦有积极作用。

4.4.5.4　废水再利用

砂石加工产生的废水（以下简称砂石废水），其来源主要是一筛车间、二筛（湿筛）车间和三筛车间对骨料的清洗。砂石废水主要含有泥颗粒、石粉颗粒和少量细砂颗粒等无机物，主要控制指标为固态悬浮物浓度，且在不同部位产生的废水浓度不同。人工砂石加工系统应配备完善的生产废水处理系统，节约水资源，经过固液分离处理的清水应实现 100%循环利用。

根据砂石系统生产废水的特点，当半成品的含泥量控制在 2%以内时，废水处理系统采用“一级回收、二级沉淀、污泥干化、回收利用”的方案。砂石废水所含污染物成分单一，主要为无机悬浮物颗粒，沉淀工艺能很好地处理无机悬浮物这一指标，因此，可采取“分别处理，循环利用”的原则。砂石矿山废水处理可分为“大循环”“小循环”两个部分循环利用。

“小循环”：二筛车间、三筛车间到一筛车间的小循环，高位水池的清水分别直接到二筛车间、三筛车间进行冲洗，并加大冲洗清水的流量和压力，在保证骨料冲洗质量的同时降低废水的浓度，该部分废水不经处理，直接返回一筛车间再参与冲洗。

“大循环”：一筛车间经竖流沉淀池、斜管沉淀池、离心脱泥机到高位水池的大循环。一筛车间的废水到竖流沉淀池进行重力浓缩处理，一部分高浓度废水到离心脱泥机进行机械处理（污泥到干化堆场，废水再到竖流沉淀池清水经清水池返回高位水池），另一部分低浓度废水到斜管沉淀池进行调理处理加重力浓缩处理。简易工艺流程见图 4-6。

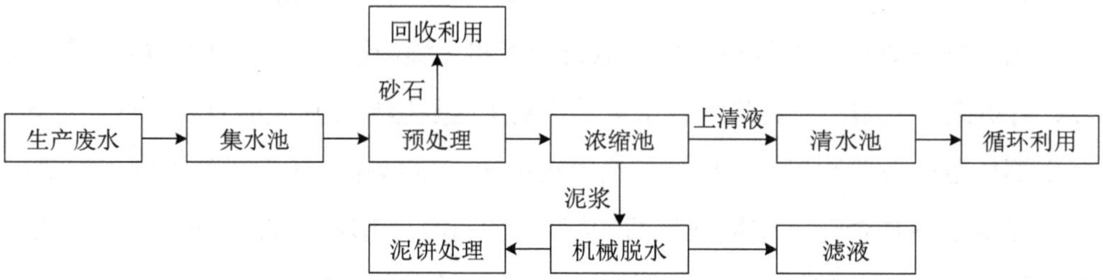

图 4-6 废水处理简易工艺流程

4.4.6 数字化矿山建设

随着计算机技术、信息技术和网络技术的快速发展，数字化矿山也逐渐普及。数字化矿山即“虚拟矿山”，它是将现实矿山中与空间位置直接有关的固定的信息数字化，然后进一步嵌入矿山开发与运行的相关信息，组成一个意义广泛的多维数字化矿山，最后在前两步基础上，结合现代计算机控制技术、自动控制技术、管理决策技术等对整个矿山的开发与运行进行科学的预测、计划、规划、组织、检测和控制。

目前，随着砂石矿山大型化、规模化和各类自动化设备的使用，大量的设备、设施各成体系。建设数字化矿山可为企业提供安全、经济、绿色、环保、高效、智能的管控平台，提高企业的经济效益、竞争力和管理水平。

4.4.6.1 数字化矿山建设关键技术

（1）矿山物联网技术

砂石矿山物联网是对钻机、挖掘机、液压支架、转载机和破碎机等大量的机电设备的生产、运输、仓储、使用、维护等全过程的监管。建设感知矿山信息集成交换平台，将安全生产、人员、设备、管理信息等复杂异构信息在一个统一数据平台存储，建立设备之间的联系，实现了多传感器信息、多系统之间在时间与空间上的识别、接入与联动。

（2）数据传输网络平台

无线自主网络技术不需要固定设备，可以利用节点实现数据的自动传输，这个技术的应用突破了地理空间上的限制，使工作人员能够快速得到矿山信息，成本低，安全性高。数据传输网络平台在运行时，将所有传感器节点初始化，在工作面布置完成之后，传感器采集信息，并将数据自动封装。各节点将封装好的数据包传输、信息汇总，然后数据包分组、重新组合，上传到服务器。在实际应用中，传感器节点的部署、能源、通信信道都需要重点考虑。传感器部署问题至关重要，当前国内在产品的部署节点方面，已经有了较为成熟的理论，如区域网格划分、分支部署等。在布置中，根据测量信息与功能的不同，将节点划分为不同簇，每个簇之间互不干扰。其中一个节点出现故障，其他节点可以承担数据收集任务。在节点能量消耗方面，可以采用基于多点中继的能量有效广播算法，优先选择效率高的结点。

（3）三维可视化和多媒体技术

数字化矿山三维可视化综合管理平台为矿井提供综合信息，主要应用技术包括 3D-GIS 技术、360 度全景技术和一体化融合技术。不仅能够真实再现矿山地形地貌，也能够实现信息跟踪。三维可视化远程监控平台设计主要对安全生产进行三维重现，能够实现矿区地理信息三维可视化、信息的采集、生产实际工况可视化等，并且能够与矿山人员进行视频互动。多媒体技术是指利用计算机对文本、声音、图像等进行综合处理，建立逻辑关系与人机交互。多媒体技术可以模拟地层环境、开采对矿山的影响，能够解决生产检测和诊断中的不足，也能够提高突发事件的监控和预报能力。

（4）智能移动技术

将移动通信技术、移动智能终端应用技术与原有信息化系统结合，实现智能手机及平板电脑上的移动设备管理（MDM）、移动应用管理（MAM）和移动内容管理（MCM），有效地解决了矿井移动智能终端的安全、应用管理、统一配置、文档分发等问题。通过调用移动监控服务系统提供的数据服务，提供了安全监测、安全隐患、预警报警、视频监控、报表管理、人员定位与调度、通知与学习等业务应用，实现了对矿井“安、产、运、销”等各环节信息的实时掌握。

4.4.6.2　数字化矿山的主要系统

砂石矿山的数字化大致包含以下系统：矿区地表及矿床模型三维可视化信息系统；矿山工程地质、水文地质及岩石力学数据采集、处理、传输、存储显示与探采工程分布集成系统；矿山规划与开采方案决策优化系统；矿山主要设备运转状态信息系统；生产环节监控与调度系统；矿山环境变化及灾害预警信息系统；矿山经营管理及经济活动分析信息系统。所有的模块系统均可通过数据中心实现信息互联，从而构建出强大的矿山综合管理平台。各矿山可根据需要实施具备各自特点的数字化系统和管理平台。如：

1）中国黄金内蒙古矿业有限公司数字化矿山建设

①数字化采矿系统成功应用

整合建立了地质基础数据和采矿生产管控两大部分、十个业务模块，实现了从地质到采矿，从生产计划到采剥施工，从自动化配矿到现场供矿管理，从采矿设计到现场穿、爆、铲、运、排多项业务管理的集约化、数字化、信息化，覆盖地质、测量、采矿、化验专业工作环节，从上层统计、分析、决策到现场生产执行的上下贯通。同时，通过 GPS 和 GIS 实现三维平行系统实时监控，降低了采矿损失贫化率，提高了供配矿品位的稳定性及采剥计划的执行率。

②生产设备的远程故障诊断

通过检测技术综合应用，对主要流程设备尤其是磨机等大型设备，实现了运行参数如轴压、功率、振动、磨音等的实时检测。在分散控制系统和生产过程执行系统上以柱状图、历史曲线等形式直观展现，结合流程状况和设备间的联锁，自动分析、诊断报警，提高了设备运转率和管理水平。

③选矿工艺自动化控制不断创新

选矿生产系统运行基础仪表共 12 大类，计 2 300 多台（套）。覆盖生产全流程的生产自动化，有效降低了操作人员的劳动强度，提高了劳动生产率。大型在线品位分析、粒度分析、成像分析等高端工艺分析仪表共 30 余台（套），分析数据直接用于过程控制。

④信息化技术深度应用

一是综合运用数据采集分析，实现采矿厂、选矿厂等主要单位的生产成本日核算，推进成本精细控制。二是结合市场交易价格，自动分析生产经营的盈亏平衡，提示当天采矿入选品位的临界值，实现生产组织主动性。三是充分应用物联网技术和信息化技术，对电子台秤、天平、分析仪等仪器数据的自动采集，即时上传，提高了数据采集的原始性、真实性、可靠性。四是建设信息化质检流程。所有分析样品用条形码标识，化验分析流程中数据不落地，及时上线生产报表。同时采取二次编码功能加强了抽检过程监管，外检合格率达到 98%。五是对于煤、白灰、药剂等大宗生产物资进行检验，以二维码标签替代人工手写编码，检验结果自动上传到服务器，杜绝了人为因素的影响，实现了进厂物资的自动结算。六是利用多种通信技术，将供配电系统运行信息上传，实现远程监控，目前已完成全部 14 个配电室综保仪的数据采集，消除了最初的数据更新周期长、轮询时无应答死机等问题。

2）宜春钽铌矿有限公司数字化矿山建设

新建数据中心管理平台，包括数据管理平台和应用集成平台，信息及网络安全相关配置；新建采矿场数字化系统，包括三维数字化采矿系统、矿车调度管理系统、全景可视化监控系统、溜井口二次破碎远程操作系统，电机车远程驾驶系统；完善选矿厂数字化系统，包括选矿厂移动巡检系统、磨矿生产过程专家系统、摇床智能控制系统、智能浮选专家系统；完善生产执行系统，包括生产计划管理与执行系统、设备管理系统、物流管理系统、质量管理系统；开发一套信用风险软件系统。这些系统组建的数据中心管理平台，为企业的高质量发展提供了可靠的技术保障。

4.5　绿色矿山建设申报流程

砂石矿山企业作为绿色矿山建设的主体责任人，应根据自身矿山的实际情况编制绿色矿山建设规划或实施方案，依据建设规划或实施方案建设完成绿色矿山创建工作，达到绿色矿山建设标准要求后，可申请成为绿色矿山。绿色矿山建设申报流程见图 4-7。

图 4-7　绿色矿山建设申报流程

4.5.1　编制建设规划或实施方案

4.5.1.1　编制意义

在新形势下，绿色矿山建设规划或实施方案不仅是为了矿山的入库和挂牌，便于政府审查、监督和指导管理，更是矿山企业开展绿色矿山建设的行动纲领和指导手册，是推动矿山企业沿着绿色矿业之路发展的关键环节和重要保证。

4.5.1.2　建设规划和实施方案两者的区别

建设规划：规划周期一般在 5～10 年，更加注重统筹全局，从宏观整体把握，既有战略层面又有战术层面规划；目的在于从长远的角度推动矿山企业的转型升级。

实施方案：建设周期一般 1～2 年，更加注重具体和微观层面，重在落地性和可操作性；目的在于帮助企业解决矿区环境、资源开发方式、资源综合利用、节能减排、科技创新与数字化矿山、企业管理与企业形象等方面面临的突出问题，达到绿色矿山建设标准，为编制企业自评估报告，顺利通过评估而达标入库奠定基础。

4.5.1.3　编制工作方法

①对标找差距，突出问题导向，对照行业或地方标准进行系统分析，补“短板”、强“弱项”；可选择国内外标杆企业进行实地调研，借鉴经验，拓展思路，学习方法。

②统筹定位，突出统筹协调，注重落实所在地区的国民经济和发展规划、矿产资源总体规划以及绿色矿业发展规划，以企业建设发展规划或战略为指引；与企业已有的矿山环境保护与治理、矿区土地复垦等微观层面的规划或方案设计进行对接。

③以规划或方案为平台聚合力，邀请矿山设计、生态修复、数字化矿山建设等方面专家以及熟悉政策标准要求的专家“把脉会诊”，提出建议，鼓励企业职工建言献策，广开言路，集思广益。

④注重“一矿一策”理念，要综合考虑矿山开采方式、区域、规模和阶段的不同，确保编制的规划或方案具有指导性、针对性和可操作性。

4.5.2 绿色矿山申报流程

4.5.2.1 矿山自评

各省组织拟申报绿色矿山的企业对照绿色矿山建设要求和行业标准开展自评，形成自评估报告，填报全国绿色矿山名录入库信息表，并提供展现矿山整体面貌的影像或图片资料。

（1）对标自评

拟申报的矿山企业应按照绿色矿山建设要求和行业标准进行自评。有地方标准（高于行业标准）的省份或地区，拟申报的矿山企业按照行业标准结合地方标准，就高评价。自评估报告由矿山企业组织编制，也可以委托相关机构编写，但该机构不能再接受行政管理机关委托对该矿山进行第三方评估。

（2）全国绿色矿山名录入库信息表

入库信息表包括了矿山基本信息、矿山联系方式、绿色矿山建设指标三大部分。前两部分是矿山企业基本情况的体现，包括矿山地理位置、矿山类型、生产规模、开采方式等信息，可参照《绿色矿山建设评估指导手册》；第三部分绿色矿山建设情况，在填写过程中，应注意涵盖标准中所有的定量化指标，并突出建设亮点和特色，同时文字应简明扼要。

（3）绿色矿山自评估报告

绿色矿山建设自评估报告是矿山企业建设绿色矿山整体成效的体现，也是矿山企业对于自身绿色矿山建设现状的评价，主要内容包括绿色矿山建设标准所涵盖的六个方面，以及矿山自评的结果和针对存在问题提出的相应对策。自评估报告内容要求如实描述矿山企业在绿色矿山建设方面的各项成果，不得缺项、漏项。绿色矿山所有申请材料均须加盖企业公章，并提供相应的电子版光盘（提交 Word 和 PDF 文件两个版本）。矿山企业对自评估报告和入库信息表内容的真实性负责。

绿色矿山建设自评估报告包含四部分内容。

第一部分为矿山简介。简述矿山基本情况，主要包括矿山相关权证信息、矿山开采历史概况、矿山开采现状、矿山基础设施条件、矿石选（冶）加工情况、矿山生产经营状况（矿山工业总产值、综合利用产值、利税情况等）、矿山环境影响报告审查及环保工程项目验收情况、矿山环境监测情况等。相关信息与入库信息表保持一致。

第二部分为对标自评。一是对照绿色矿山先决条件进行自查，对应逐项说明情况，明确自查结果；二是要围绕绿色矿山建设要求和标准、绿色矿山建设评分表，对矿区环境、资源开发利用、资源综合利用、节能减排、科技创新与数字化矿山、企业管理与企业形象六个方面进行总结自评，逐项详细说明建设成效与主要指标测算过程、结果。对照绿色矿山建设评分表，进行自评估打分；三是总结矿山有自身特点的典型做法与经验，结合核查评分失分项，分析说明存在的主要问题，明确未来建设方向和关键提升点。

第三部分为自评结论。明确是否达到绿色矿山建设要求及标准。

第四部分为辅助证明材料。辅助证明材料是对矿山信息表和自评报告文本中所描述的数据及相关内容的证明，是第三方评估机构确认矿山信息表和自评报告文本内容真实有效的主要依据。可附影像图片（展示亮点）。按照通知要求，辅助证明材料包括相关证照、主要管理制度、获奖证书、有关认定证书、主要指标原始数据证明、相关计算过程说明等材料目录，以及展现矿山整体面貌的影像或图片资料。除上述材料外，根据各省需要，可以适当要求补充以下材料。

——绿色矿山建设自评估打分表（参考绿色矿山建设评价打分表）。

——矿区平面布置图（表明矿山各功能区，以便第三方评估工作组初步了解矿山布局和识别现场评估重点方向）。

——矿山相关资质证书（复印件，加盖企业公章）。

——管理制度汇编。

矿山企业在完成自评估报告并自评达标后，向自然资源管理部门提出绿色矿山第三方评估申请。具体是向矿山企业所在市（县）还是直接向省（区、市）提出第三方评估申请，由各省（区、市）自定。对于采矿权为跨省的矿山或油气田，原则上在哪个省的面积大，向哪个省提出申请。跨市（县）的采矿权，直接向省提出申请。

4.5.2.2 第三方评估

绿色矿山建设第三方评估，是指受政府部门委托，由利害关系方以外的组织机构，依据一定的标准和程序，运用科学、系统、规范的评估方法，对企业绿色矿山建设情况进行评估，形成评估报告供决策参考的活动。第三方评估应当遵循客观公正、科学严谨、专业规范、公开透明、注重实效的原则。

根据《国家市场监管总局关于发布公平竞争审查第三方评估实施指南的公告》（2019年第 6 号）的规定，第三方评估机构是指与被评估单位评估事项无利害关系，且具备相应评估能力的实体性咨询机构，包括政府决策咨询企事业单位及评估机构、高等院校、科研院所、专业咨询公司、律师事务所及其他社会组织等。各省（区、市）可按照上述国家文件的基本要求，结合本地区实际确定第三方评估机构。一是考虑机构业务范围和类别；二是专业技术队伍的相关要求，如机构人数、技术人员专业类别、中高级职称人数等；三是有相关工作业绩，熟悉绿色矿山建设相关政策、相关标准与技术，具备开展绿色矿山建设核查评估的能力。

第三方评估机构接受委托后，应与自然资源部门签订合同，明确责任，制订评估工作计划，并将评估合同、评估专家组名单、评估工作计划等资料报矿山企业所在地自然资源管理部门备案。第三方评估机构应通过全面调查、抽样调查、网络调查、实地调研、舆情跟踪、专家论证等方式方法，汇总收集相关信息，广泛听取意见建议，全面了解真实情况，在评估基础上，编写第三方评估报告。第三方评估报告应通过技术评审并提交自然资源管理部门，并进行资料建档和归档。归档文件应包括预评估阶段的相关资料和会议纪要；现场评估过程和会议纪要；评估后总结会议纪要；评估报告文本；评估工作全过程的照片、影像等；技术评审意见；其他资料。

4.5.2.3 网上信息申报

申报绿色矿山企业登录全国绿色矿山名录管理信息系统（http：//greenmine.mnr.gov.cn），无须注册，可直接使用全国矿业权人勘查开采信息公示系统的用户名和密码进行登录。企业可根据操作说明手册，进行信息填报、提交审核等操作。

4.5.2.4 实地抽查及材料审核

实地抽查工作以各省（区、市）为主导开展。各地方可采取明察暗访、问卷调查等多种手段进行实地抽查，抽查比例应不低于 30%（按本省上报数量确定）。按照统一安排，中国自然资源经济研究院等有关单位也将协助开展抽查，包括对参加遴选的矿山企业以及第三方评估工作的抽查。

各省（区、市）应对全国绿色矿山名录入库信息表、第三方评估报告等各类材料的齐全性、内容规范性进行审核，同时可结合本地区实际需要，联合生态环境等相关部门给出审核意见。

4.5.2.5　公示

按照相关管理程序要求，通过网络、报纸等渠道，在本省（区、市）范围内公示遴选结果。

4.5.2.6　持续改进与维护

绿色矿山建设是一项复杂的系统工程。它代表了一个地区矿业开发利用总体水平和可持续发展潜力，以及维护生态环境平衡的能力。它在着力于科学、有序、合理的开发利用矿山资源的过程中，对其必然产生的污染、矿山地质灾害、生态破坏失衡，应最大限度地予以恢复治理或转化创新。

第5章　砂石骨料生产工艺与绿色工厂建设

目前砂石骨料的生产工艺、设备和技术正处于发展阶段，国家对生态环境保护的力度不断加强，大部分个体小规模机制砂石生产线将面临淘汰。针对当前砂石骨料生产线大型化、集约化的迫切需求，通过运用绿色开采和加工工艺，可以有效降低环境影响，提高资源利用率。

砂石骨料生产工艺流程设计与设备选型是骨料生产的关键环节，加工工艺流程布置一般有破碎、筛分、制砂、骨料洗泥、骨料整形等工序，设备选型分为干法制砂、湿法制砂和半干法制砂。整个生产工艺流程主要考虑合理性、可靠性、先进性、经济性等因素。

建立高品质机制砂石生产线的“绿色工厂”是砂石骨料高质量发展的重要表现之一，规模适度、产品优良、注重过程控制、自动化程度高、节能环保型的高品质机制砂石骨料生产线——“绿色工厂”将成为今后砂石骨料项目建设的发展趋势。

本章就砂石骨料开采工艺、加工工艺和绿色工厂建设三个方面逐一进行阐述。

5.1　开采工艺

砂石矿山以露天矿山为主，开采工艺主要包括穿孔、爆破、铲装、运输和排岩等工序。

5.1.1　穿孔作业

穿孔作业是露天矿山开采的第一道工序，其目的是为爆破工作提供装炸药的孔穴。在整个开采过程中，穿孔质量的好坏直接影响后续爆破、采装以及破碎等作业的成本及安全性。根据矿岩性质和采用钻机的不同，生产能力和穿孔费用差别很大，在整个露天开采过程中，穿孔费用占生产总费用的10%～15%。

目前露天矿山应用的穿孔方法，除火钻为热力破碎外，其他钻机均属于机械破碎。

在机械破碎中，根据破岩原理的不同，可分为滚压破碎、冲击破碎和切削破碎，如图 5-1 所示。

- 穿孔方法
  - 机械破碎
    - 滚压破碎——牙轮钻机
    - 冲击破碎
      - 手持凿岩机
      - 凿岩台车
      - 吊绳冲击式钻机
      - 潜孔钻机
    - 切削破碎——旋转式钻机
  - 热力破碎——火钻

图 5-1　露天矿山穿孔方法

露天矿穿孔设备选择，主要取决于矿岩性质、开采规模和炮孔直径。各种钻机的合理孔径和使用范围见表 5-1。

表 5-1　各种钻机可钻孔径和使用范围　　单位：mm

钻机种类	可钻孔径			使用范围
	一般	最大	最小	
手持凿岩机	38～42	—	23～25	浅孔凿岩和二次破碎等辅助作业
凿岩台车	56～76	100～140	38～42	小型矿山主要穿孔作业或大型矿山辅助作业
潜孔钻机	150～250	508～762	65～80	主要用于中小型矿山中硬以上矿岩
牙轮钻机	250～310	380～445	90～100	大中型露天矿山中硬至坚硬矿岩
吊绳钻机	200～250	300	150	大中型露天矿山各种硬度矿岩
旋转钻机	45～160	/	/	软至中硬岩
火钻	200～250	100～150	100～150	石英含量高的极硬矿岩

20 世纪 50 年代我国广泛采用吊绳冲击式钻机，后来逐渐被潜孔钻机和牙轮钻机取代。目前潜孔钻机的比例约占 60%。按在册台数计算牙轮钻机的比例虽然不大，但由于它的穿孔效率高、孔径大，按穿孔矿（岩）量计算的比例是较高的。

5.1.1.1　潜孔钻机

（1）分类

第一类是风动钻机和手持式钻机，这类产品是将要淘汰的产品，但因为其价格低廉、使用方便、初期投入少，在一些小型私人矿山仍用得比较多。占潜孔钻机 5%～10%的市场份额。

第二类是小型分体式潜孔钻机，属于高耗能低产出的落后型设备，钻机效率低、使用成本高、定员多，安全系数低。目前市场上分体钻机销量占主导的还是国内的一些地方品牌，如开山、宣化金科、宣化恒泰、志高、天水等，国外品牌有阿特拉斯、山特维克、日本古河等。2012 年之前，分体钻机占据了潜孔钻机的大部分市场。

第三类就是一体式潜孔钻机，具有机动灵活、设备重量轻、价格低、钻孔角度变化范围大等优点，同时具备除尘系统、自动换杆功能、防落物驾驶室，可确保施工安全，同时满足环保要求。目前主要有国外几个大品牌，如阿特拉斯、山特维克、日本古河、韩国全进；国内能生产这种设备的有山河智能和有色重机等厂家。

（2）主要优点

①重型凿岩机工作时，当钻头连接 5～6 根钻杆和连接套后，穿孔速度会降低 50%左右，而潜孔冲击器的活塞直接撞击在钻头上，能量损失少，穿孔速度受孔深影响小，因此能穿凿直径较大和较深的炮孔。

②冲击器潜入孔内工作，产生的噪声较小，且钻孔越深，噪声越小。

③潜孔冲击器排出的废气可用来排渣，特别是对于下向炮孔，可节省动力。

④由于冲击力的传递不经过钻杆和连接套，钻杆使用寿命长，可达（1～1.5）$\times 10^4$ m。

⑤与牙轮钻机相比，潜孔钻机轴压小、钻机轻、设备购置费用低。由于轴压小，钻孔不易偏斜，因此更适用于穿凿深孔。

（3）主要缺点

①冲击器的气缸直径受到钻孔直径限制，孔径越小，穿孔速度越低。所以常用潜孔冲击器的钻孔孔径在 80 mm 以上。

②当孔径在 200 mm 以上时，潜孔钻机的穿孔速度没有牙轮钻机快，而动力多消耗 30%～40%，作业成本高。

（4）使用范围

潜孔钻机可用于各种硬度的矿岩，但一般适合用于硬岩或坚硬矿岩，钻孔直径一般为 100～200 mm、孔深 30 m 以内，在特殊情况下，最小孔径可达 70 mm。目前国外潜孔钻机可钻孔径达到 762 mm。由于潜孔钻机钻进时轴压小，钻杆不易弯曲，钻孔偏斜率能控制在 1%以内，特别适合于穿凿深孔，因此广泛用于工农业中穿凿的深水井，深度可达 500～800 m。此外，潜孔钻机还可用于地下矿山垂直漏斗后退采矿法中穿孔爆破的深孔，以及穿凿通风孔、排水孔、天井掘进中心孔和电缆管道通孔等。

5.1.1.2 牙轮钻机

牙轮钻机于 20 世纪 50 年代开始在美国露天矿山应用。60 年代以来，由于牙轮钻机结构的改进和牙轮钻头设计和制造水平的不断提高，牙轮钻机不仅可用于中、软岩石，而且在用于坚硬矿岩（如花岗岩、磁铁石英岩）时，其穿孔技术、经济指标也优于冲击钻和潜孔钻。目前，美国、加拿大的露天矿山中，牙轮钻机的比例已占 80%以上。

牙轮钻机的穿孔直径一般为 250～910 mm，少数为 380 mm，并有向 420 mm 发展的趋势。70 年代以来，我国大型露天矿山采用牙轮钻机后，迅速改变了穿孔技术落后的局面。实践证明，牙轮钻机是高效率的穿孔设备。目前，大型露天矿山都已大量采用牙轮钻机。

（1）分类

牙轮钻机的穿孔是通过推压和回旋机构给钻头施加高压力和扭矩，将岩石在静压、少量冲击和剪切作业下破碎。这种破碎形式称为滚压破碎，岩渣被压缩空气吹出孔外。牙轮钻机按钻机大小分为轻型牙轮钻机、中型牙轮钻机、重型牙轮钻机。

（2）优点

①与钢绳冲击钻机相比，穿孔效率高 3～5 倍，穿孔成本低 10%～30%。

②在强度为坚硬以下的岩石中钻直径大于 150 mm 的炮孔，牙轮钻机优于潜孔钻机，穿孔效率高 2～3 倍，每米炮孔穿孔费用低 15%。

（3）缺点

①牙轮钻机钻压高、钻机重，设备购置费用高。

②在极坚硬岩石中或炮孔直径小于 150 mm 时，由于牙轮钻头轴承尺寸受到炮孔直径的限制，钻头使用寿命较低，每米炮孔凿岩成本比潜孔钻机成本高。

（4）使用范围

牙轮钻机能用于各种硬度的矿岩。用于软至中硬岩层时，钻头直径为 100～120 mm，大型露天矿钻头直径可达到 380 mm。牙轮钻机还广泛用于地质勘探和水井开凿工程中。

5.1.1.3　凿岩台车

凿岩台车是随着采矿工业的发展而出现的一种新型凿岩作业设备，在隧道及地下工程中采用钻爆法施工。它能移动并支持多台凿岩机同时进行钻眼作业，其工作结构主要由推进器、钻臂、回转机构、平移机构组成。

凿岩台车可分为平巷掘进钻车、采矿钻车、锚杆钻车和露天开采用凿岩钻车等；按照钻车的行走机构可分为轨轮、轮胎和履带式；按照架设凿岩机台数可分为单机、双机和多机钻车。

随着电液比例技术和自动化技术的发展及其在凿岩台车上的应用，凿岩台车呈现出从机械化向自动化、环保化、多样化发展的趋势。

5.1.2 爆破作业

爆破作业是破碎坚硬的实体矿岩，为铲装工作提供块度适宜的挖掘物。在露天开采的总费用中，爆破费用占 15%～20%。爆破质量的好坏，不仅直接影响铲装、运输、粗碎等设备效率，而且影响矿山生产总成本。

5.1.2.1 浅孔爆破

浅孔爆破采用的炮孔直径较小，一般为 30～75 mm，炮孔深度一般在 5 m 以下，有时可达 8 m 左右，如用凿岩台车钻孔，孔深还可继续加深。

浅孔爆破主要用于生产规模不大的露天砂石矿或采石场、隧道掘凿、二次爆碎、新建露天矿山顶部处理及其他一些特殊爆破。

5.1.2.2 深孔爆破

深孔爆破就是用钻孔设备钻凿较深的钻孔，作为矿用炸药的装药空间的爆破方法。露天矿山的深孔爆破以台阶的生产爆破为主。

深孔爆破的钻孔设备主要为潜孔钻和牙轮钻，可钻垂直深孔，也可钻倾斜炮孔。倾斜炮孔的装药较均匀，矿岩的爆破质量较好，可为铲装工作创造好的条件。

为减少地震效应和提高爆破质量，在一定条件下可使用大区微差爆破技术，炮孔中采取间隔装药或底部空气间隔装药等措施，以便降低爆破成本，取得较好的经济效益。

5.1.2.3 硐室爆破

硐室爆破是将比较多或大量的炸药，装在爆破硐室巷道内进行爆破的方法。露天矿山仅在基本建设时期和在特定条件下采用，采石场在有条件且在采矿需求量很大时采用。

5.1.2.4 多排孔微差爆破

多排孔微差爆破一般是指多排孔各排之间以毫秒级微差间隔时间起爆的爆破，与过去普遍使用的单排孔齐发爆破相比，多排孔微差爆破有以下优点：

①一次爆破量大，减少爆破次数和避炮时间，提高采场设备的利用率。

②改善矿岩破碎质量，其大块率比单排孔爆破少 40%～50%。

③提高穿孔设备效率 10%～15%，这是工作时间利用系数增加及穿孔设备和爆破后充区作业次数减少的缘故。

④提高采装、运输设备效率 10%～15%。

⑤爆破冲击对环境的振动影响小，个别飞散物影响范围小。

5.1.2.5 多排孔微差挤压爆破

多排孔微差挤压爆破是指在露天台阶深孔爆破时，需在台阶坡前方留有一定厚度的碴堆（留碴层）作为挤压材料，进行挤压爆破。其主要工艺和参数与多排孔微差爆破基本相同。碴堆的存在为挤压创造了条件，一方面能延长爆破的有效作用时间，改善炸药能量的利用和破碎效果；另一方面能控制爆堆宽度，避免矿岩飞散。多排孔微差挤压爆破微差间隔时间以比普通微差爆破大 30%～50%为宜，我国露天矿山常用 50～100 ms。

（1）优点

①矿岩破碎效果更好。这主要是由于前面有碴堆阻挡，包括第一排在内的各排钻孔都可以增大装药量，并在碴堆的挤压下充分破碎。

②爆堆更集中。对于采用铁路运输的矿山，爆破前可以不拆道，从而提高采装、运输设备效率。

（2）缺点

①炸药消耗量较大。

②工作平台要求更宽，以便容纳碴堆。

③爆堆高度较大，可能影响挖掘机作业的安全。

5.1.2.6　临近边坡的爆破

随着露天矿山开采深度向下延深，边坡稳定问题日益突出。为了保护边坡，临近边坡的爆破要严格控制。根据国内外的经验，主要措施是采用微差爆破、预裂爆破和光面爆破。

（1）微差爆破

临近边坡的微差爆破，其主要作用之一是可以减少爆破的地震效应。为了充分发挥微差爆破的减震作用，关键是设法增加爆破的段数和控制微差间隔时间。

（2）预裂爆破

临近边坡的预裂爆破，就是沿边坡界线钻凿一排较密的平行钻孔，每孔装入少量炸药，在采掘带未爆破之前先行起爆，从而获得一条有一定宽度并贯穿各钻孔的裂缝。由于有这条预裂缝将采掘带和边坡分离开来，随后采掘爆破的地震波在裂缝面上将产生较强的反射，使透过它的地震波大为减弱，从而有效保护边坡。

（3）光面爆破

临近边坡的光面爆破，就是沿边界线钻凿一排较密的平行钻孔，孔内装入少量炸药，在采掘钻孔爆破之后再进行爆破，从而沿密集钻孔形成平行的岩壁。光面爆破不同于预裂爆破的地方在于起爆时间。光面炮孔的起爆要迟于前几排采掘钻孔，通常滞后 50～75 ms。

除此之外，还有一种措施是控制最后几排钻孔的爆破。临近边坡的最后几排钻孔的药量、抵抗线都要减少，称为“缓冲爆破”，可以减少钻孔爆破对边坡的破坏。

5.1.3 铲装作业

铲装作业是使用装载机械将矿岩直接从爆堆中挖掘出来，并装入运输机械的车厢内或直接卸到指定的地点。它是露天开采过程的中心环节。

铲装工作所用的设备包括各种挖掘机和土方工程机械，一些小型露天矿山还用装岩机、电耙等设备装载。露天矿山 80%的剥离量和采掘量是用挖掘机械完成的。挖掘机械分为单斗挖掘机和多斗挖掘机两类，单斗挖掘机的作业是周期性的，多斗挖掘机的作业是连续性的。

挖掘机械一般由动力装置、传动装置、行走装置和工作装置等组成。单斗挖掘机和斗轮挖掘机还有转台，多斗挖掘机还有物料输送装置。动力装置有柴油机、电动机、柴油发电机组或外电源变流机组。以电力为动力的挖掘机称为电铲，以柴油为动力的挖掘机称为柴油铲，采用液压传动控制机构运行的称为液压铲。柴油机和电动机大多用于中小型挖掘机械，用一台原动机集中驱动，两者可互换。柴油发电机组和外电源变流机组用于大中型挖掘机械，用多台电机分散驱动。

行走装置主要用来支撑机器、使机器变换工作位置和转移作业场地；另外，链斗式挖掘机和环轮式挖掘机的铲斗会随着行走装置的连续行走而切削土壤。行走装置有履带式、轮胎式、步行式、轨行式、浮游式和拖挂式等种类。作业场地固定、要求接地比压较低时用履带式；作业场地多变时用轮胎式；因施工条件特殊而必须架设专用轨道时，用轨行式；挖掘水下泥土时用浮游式；小型单斗挖掘机的行走装置无动力源时，用拖挂式；作业场地固定，机器重量大时，用步行式。步行式行走装置大多用于单挖掘机中的大中型拉铲挖掘机和斗轮挖掘机。

5.1.4 运输作业

在露天矿山的建设过程中，矿山运输的基本建设投资约占矿山基建总投资额的 60%。露天矿生产运行过程中，运输成本和劳动量分别占矿石总成本和总劳动量的一半以上，由此可见运输在露天矿山开采中的重要地位。露天矿山的运输方式有汽车运输、铁路运输、带式运输机运输、竖（斜）井运输以及联合运输，其中汽车运输最普遍。

（1）汽车运输

汽车运输也称公路运输，是采用自卸汽车来运输矿石和岩石，特点是运输灵活，爬坡能力大。

汽车运输在露天矿山既可单独作为主要运输方式，也可与其他运输方式配合使用。近几十年来，随着汽车制造业的发展，特别是重型矿用自卸汽车的出现，汽车运输在露天矿山中得到了广泛的应用。

汽车运输具有较高的灵活性和机动性，个别汽车发生故障时，不会因运输作业的中断影响全矿生产。同时汽车运输有利于采用移动坑线开拓，分期、分区开采，陡帮作业；有利于分采、分装、分运；有利于采用高台阶和近距离排土。汽车运输还可以设多个出入口进行分散运输和分散排土，有利于提高露天矿山的生产能力。

在露天矿山的汽车运输设备中，广泛采用了各种载重量的后卸式自卸汽车。载重量小于 7 t 的柴油自卸汽车常与斗容 1 m^3 以内的挖掘机匹配，用以运送松软土岩和碎石。中小型露天矿山广泛使用载重量 10～20 t 的机械传动的柴油自卸汽车，大型露天矿山使用载重量大于 75 t 的具有液压传动系统的柴油机自卸汽车和载重量大的具有电力传动系统的电动轮自卸汽车。电动轮自卸汽车构造简单、可靠性高、牵引性能好、爬坡能力强，载重量已由 20 世纪 70 年代的 100～120 t 发展到 80 年代的 180～200 t，目前最大载重量已达到 350 t。

随着采场范围的扩大，运输距离变大，汽车运输燃油和轮胎消耗量大，运输成本势必会增高，同时需要必要的保养修理基地作为后勤保障。同时，汽车运输受气候影响较大，在风雨冰雪天气行车困难，特别在水文地质不良且疏干效果不好的矿山，汽车运输可靠性差，在深凹露天矿山中，还可能造成采场内大气污染。

（2）铁路运输

铁路运输适用于储量大、采场面积大、运距长（大于 1 km）和年运量在 1×10^7 t 以上的大型露天矿。其优点是可以利用任何种类的能源、机车类型，设备和线路坚固可靠，运行作业易于自动控制。由于车辆沿线单位阻力小、曲线半径大，因而线路工程量大，基建投资也大，受矿体埋藏条件影响大，以及受开采深度限制等。

准轨铁路运输（轨距 1 435 mm）正向牵引力大、效率高、能耗低的机车和装载容积大的车辆的方向发展。我国普遍采用粘重①100～150 t 的电机车和载重 60～100 t 的自翻车，国外年运量为（1～2）$\times10^7$ t 的大型露天矿山也采用这类设备。当年运量在（3～5）$\times10^7$ t 时，宜采用 3 000 V 直流电机车和 10 000 V 交流电机车牵引机组。粘重 150～180 t 的内燃机车合理使用范围限于年运量 2.5×10^7 t、开采深度 100 m 以内的露天矿山，粘重 70 t 的内燃机车限于年运量 5×10^6 t 以下的露天矿山。

（3）带式运输机运输

带式运输机运输也称胶带运输机运输，是皮带行走在固定的滚轮上来传送矿岩的一种方法。胶带运输机运输是一种连续运输方式，是实现露天矿生产连续化的重要环节。其特点是矿岩以连续料流沿固定线路移运。胶带运输机可以作为露天矿山的单一运输方

① 粘重：静止动力车的驱动轴或联动轴作用于路轨上的总重量。

式，将矿岩直接从工作面运至选厂和废石场；也可以与汽车联合组成半连续运输工艺。胶带运输机可直接布置在露天采场的边坡上，也可以布置在斜井中，需根据开拓方式决定采用何种布置方式。

胶带运输机与其他运输机械相比，具有以下显著优点：

①运输能力强。由于实现了连续运输，因而其运输能力强。当带宽为 2 m、带速为 3 m/s 时，其运输能力可达 1×10^4 t/h。

②爬坡能力强。普通胶带运输机的倾角可达 12°～18°，胶带运输机的倾角可达 40°～60°，从而可以缩短爬坡运输距离，减少运输线路的基建工程量。

③自动化程度高，劳动强度低。由于胶带运输机作业连续，可实现集中控制、自动化作业，操作维修简便，因而可节省大量人力，降低工人劳动强度。

④能源消耗少，运输成本低。胶带运输机运输劳动条件好、工作安全可靠，噪声低、无粉尘、无废气源，故对周围环境影响小。胶带运输机运输是砂石矿山的主要推广运输方式之一。

胶带运输机自身也存在一些不足之处：

①移送坚硬矿岩时胶带磨损大，且矿岩必须预先粗碎，除增加一定的破碎成本外，破碎机的移设对采场生产也有着一定影响。

②对含水或黏性大的矿岩，易出现黏带或卡带事故，给胶带清扫工作增加困难，且影响胶带的使用寿命。

根据破碎站的布置形式，露天矿用胶带运输机可分为移动式工作面、半固定式转载与集载和固定式提升用、干线用、选废石用、废石场用、贮矿场用胶带运输机。

根据驱动方式的不同，胶带运输机可以分为以下两种类型。

①集中驱动胶带运输机

所谓集中驱动，就是将胶带运输机所需的驱动力集中在一个点上或相对地集中在几个点上。常用的集中驱动有单滚轮驱动、双滚轮驱动、头尾多滚轮驱动或中间多滚轮驱动等。根据胶带类型及牵引方式，集中驱动又可分为平型胶带运输机、钢绳牵引异型胶带运输机、大倾角异型胶带运输机。

②多点驱动胶带运输机

所谓多点驱动，就是将运输机所需的驱动力较均匀地分配在运输机沿线的若干点上，即用若干个较小的驱动机组取代一个或几个较大的驱动机组。根据驱动方式的不同，多点驱动又可以分为中间胶轮驱动、电机传动中间托辊驱动、多条短胶带直线摩擦驱动等多种驱动方式。

（4）联合运输

联合运输是指从露天采场工作面装载点到料流卸载点破碎站、矿石堆场或废石场之间有两种以上运输方式，每一种运输方式在技术上和经济上都是合理的。采用联合运输可降低矿岩运输成本，改善相邻生产工序技术经济指标。但是，要实现联合运输，必须设置转载站，以便把矿岩从一种运输工具转载到另一种运输工具中。根据转载站位置的不同，可分为地面、边帮和坑底转载站。边帮和坑底转载站是半固定的，随采矿工程的降深而定期向下移动。联合运输系统可划分为三个环节。

第一个环节是直接与采装作业联系的部分，就目前的各种运输方式而言，汽车应用最广，但其合理运距比较小，若运距增大，则生产能力急剧下降，成本迅速提高。因此，必须设立与汽车运输相衔接的转载站。

第二个环节是自转载站到地表的运输，必须克服较大的高差并保证线路所需的通过能力。适用于这一运输环节的运输方式有铁路运输，汽车运输，胶带运输机运输，钢丝绳提升箕斗、串车等运输及架空索道运输等方式。

第三个环节是地表运输通往选矿厂或废石场，根据运输距离的远近，可在上述运输方式中选择。

联合运输主要方式包括以下五种。

1）汽车—铁路联合运输

随着矿山工程的逐渐进步和采场范围的扩大，单一铁路运输方式在国内外露天矿山中使用的比例逐渐减少，特别是在深凹露天矿山中，已成为一种不合理的开拓运输方式。对于采用铁路运输方式的露天矿山，转入深部开采时，大多采用汽车—铁路联合运输方式，即采场上部继续采用铁路运输，下部则采用汽车运输，中间设置矿岩倒装站。由于采场内运距在汽车合理运距之内，汽车周转速度快、生产效率高，因此，采用汽车—铁路联合运输方式的经济效益比单一铁路运输方式可提高 13%～16%，挖掘机效率可提高 20%～25%，从而提高了综合开采强度，节约了运输成本。

汽车—铁路联合运输适用条件主要包括以下几点：

①山坡露天矿山的上部，因地形狭短陡峻，铁路展线受限制，或因上部矿体开采时间较短，修建铁路在投资及基建工程、基建时间上来看均不是合适的选择时，可采用汽车运输方式及时处理山顶采场。

②深凹露天矿山的深部铁路运输线路受到采场空间限制，不能布置及难以展线时，可采用汽车运输的方式。

③深凹露天矿山的采深过大时，矿岩可用汽车运输到边帮某一高度再向铁路转运。

④采场内采用汽车运输方式，而地表运输距离较远时，改用铁路运输方式。

⑤为加速深凹露天矿山掘沟、扩帮工程，在主要采用铁路运输方式的矿山，新的开

采平台准备采用汽车运输方式。

汽车—铁路联合运输具有以下优点：

①在采场深部开采平台使用汽车运输，机动性、灵活性高，能加快掘沟速度，缩短准备时间，加强矿山生产能力，提高挖掘机效率，改善矿石和岩石分采效果。

②可以取消采场铁路移动坑线，改善列车运行条件，提高铁路运输能力，免除复杂的移道工作，改善运输工作的组织效率。

③在采场上部采用铁路运输方式，缩短汽车运距，降低汽车运营费用，提高了汽车运输方式的生产能力和技术经济效果。

2）汽车（铁路）—破碎站—胶带运输机联合运输

胶带运输是近年发展起来的一种高效率、连续—半连续运输的运输方式，并且成为大型露天矿山开采的一种发展趋势。这种运输方式利用设在露天采场内或者采场外的胶带运输机，将矿岩从露天采场运出。采用胶带运输时，由于爆破后的矿岩块度较大，爆破后的矿石和岩石必须用汽车先运送到设置在采场内的破碎站，经破碎后才能由胶带运输机输送。铁路—破碎站—胶带运输机联合运输开拓常用的形式有堑沟开拓和斜井（溜井）开拓。采用堑沟开拓时，破碎站的形式为半固定或移动式；采用斜井（溜井）开拓时，破碎站设为固定或半固定式。

汽车—破碎站—胶带运输机联合运输为半连续运输方式，是当今世界强化深凹露天开采方式的主要方法之一，该工艺虽然初期投资高，但生产成本低，总投资也不一定比汽车运输高。当开采深度未超过 150 m 时，汽车运输与半连续运输方式的费用大致相等。当开采深度超过 150 m 时，汽车运输方式的费用急剧增加，每增加 100 m 费用增加 50%，而半连续运输费用增加不多，深度每增加 100 m 只增加 5%～6%。

3）汽车—胶带联合运输

在西方国家，大型深凹露天矿山多采用汽车—胶带半连续的运输方式，既可以体现汽车运输的机动灵活、适应性强、短途运输更经济、有利于强化开采的长处，又可以发挥胶带运输机运输能力强、爬坡能力强、运营费用低的优势，两者联合可取得最佳的经济效益。因此，汽车—胶带半连续运输将是今后一段时间内砂石矿露天矿开采主要推广的运输方式。

汽车—胶带联合运输系统有如下几种布置形式：

①破碎转载站设在地表露天采场的边缘。采场内用汽车运输，地表设破碎站和胶带运输机，自卸汽车由采场向破碎站运送矿岩，用胶带运输机从破碎站向选矿厂或渣土场运送矿岩。

②破碎转载站直接设在露天采矿场的集运水平。在采场集运水平设置半固定式破碎转载站，工作面到破碎站之间用汽车运输，矿岩破碎后，用胶带运输机运输。一般一个

水平设一个集运水平，半固定破碎站一般一年移设一次。

③破碎机设在采场底部的坑内硐室中。用汽车由工作面向破碎硐室顶部的溜井运送矿岩，破碎后沿斜井用胶带运输机运输。

④在采场内设置半移动式破碎机。矿岩破碎后，由胶带运输机运至地表。半移动式破碎机的采用，简化了在集运水平面设置半固定破碎转载站的复杂环节，缩短了汽车运输半径。移动破碎机可半年至两年移设一次，大大缩短了移设周期，进一步简化了准备工作，使开采程序有较大的灵活性，提高了矿山年产能力，降低了运输成本。

汽车—胶带半连续运输具有以下优点：

①采场内部运输使用汽车，可满足各种开采条件下的要求，运输距离短，使矿山的生产能力提高。

②胶带运输机运量大，运输距离显著减小可保证露天矿山达到较高的生产力，且不受开采深度的影响。

③运输成本低，劳动生产率高。

汽车—胶带半连续运输具有以下缺点：

①在采场内设置的破碎设施，需定期移向深处新的集运水平，使新水平准备工作复杂化。

②运输废石前，增加了预破碎的费用。

③废石排弃时多一个转载环节，且需使用专用排土设备。

目前，汽车—胶带半连续运输系统已在国内得到逐步推广应用。

4）汽车（铁路）—箕斗联合运输

该运输方法以箕斗为主要运输容器，整个开拓系统包括矿岩转载站、箕斗斜坡沟道、地面卸载站和提升机装置等，采场内部需用汽车或铁路与斜坡箕斗建立起运输联系。用汽车或其他运输设备将矿岩运至转载站装入箕斗，提升矿至地面卸载点卸载，再装入地面运输设备运至选矿厂或废石场。

斜坡沟道位置的选择直接关系到开拓系统的合理性，设计时应遵循以下原则：

①必须保证斜坡沟道所在位置处的岩体稳定，深凹露天矿一般设在非工作帮或采场边界的端帮上，山坡露天矿宜设在采场边界之外；

②应尽量减少斜坡沟道与采场内其他运输线路及关键位置的交叉点。通常，斜坡沟道穿过非工作帮上的所有台阶，切断了各开采平台台阶的联系。为建立运输联系和向箕斗装载矿石，需要设置转载栈桥。

③为减少运营费，在地面卸载时，应使地面卸载站与选矿厂或废石场之间的运距最短。

汽车—箕斗联合运输的主要优点是能以最短的距离克服较大的高差，使运输周期大幅缩短，具有投资少、建设快、运营费用低、箕斗系统设备简单便于检查和维修的特点。其主要缺点是转载站较大，箕斗受到的冲击严重，常因维修频繁而影响生产，也是该方式在大型露天矿山中应用不多的根本原因。

5）汽车（铁路）—平硐—溜井联合运输

该联合运输方式通过开拓溜井—平硐来建立露天采场与地面之间的运输联系，适用于地形复杂、采场与地面高差大的山坡露天矿。该开拓方式以溜井与平硐为矿石主要运输通道，矿石由汽车或其他运输设备运至采场内的卸矿平台后向溜井中翻卸，在溜井下部通过漏斗装车，经平硐运至卸载地点。在平硐内的运输方式一般采用准轨或窄轨铁路。

平硐—溜井开拓方式利用地形高差自重放矿，具有运输距离短、运输设备数量少、运输设备周转率高、系统运营费用低的特点，同时溜井还具有一定的贮矿能力，可进行生产调节。

5.1.5 排土作业

排土作业是运输终端的作业，将剥离下的表土和废石运输到排土场排弃。根据不同的排土工况条件、排土工艺将废石运输、排弃方式以及使用设备的不同，排土作业可分为以下 4 类。

5.1.5.1 汽车运输—推土机排土

利用汽车将废石直接运到排土场排弃，并用推土机推排残留废石及整理排卸平台。这种方式具有工艺简单、灵活的优点，一般适用于中小规模、运距不大的露天矿山。

5.1.5.2 机车运输—推土犁（挖掘机）排土

利用机车将废石运到排土场，并利用排土设备排弃，一般适用于山坡露天等地形条件特殊的露天矿山。

5.1.5.3 带式输送机运输—排土机排土

利用带式输送机将露天采场内破碎后的废石运到排土场排弃。带式输送机是一种连续运输物料的传送机械，具有运输量大、运输成本低、自动化程度高、安全系数高等一系列优点；通常与排土机配合使用，从而形成高效的带式输送机—排土机排土工艺。

5.1.5.4 联合作业排土

汽车和带式输送机、排土机组合成的联合排土工艺，具有运输量大、成本低的优点，也兼具了汽车灵活运输的优点，因此，近年来联合排土工艺得到了快速发展，特别是在大规模、深凹露天矿山得到了广泛应用。

（1）汽车—胶带输送机—排土机联合运输

该方式具有能耗小、运输成本低、自动化程度高、劳动定员少、工人劳动强度低等优点，近年来，在露天矿山得到了广泛应用。胶带输送机的终端需采用不同类型的排土设备配合进行排土。

（2）汽车—胶带输送机—排料胶带机联合运输

排料胶带机是一种简易的排料设备，价格便宜，但臂长较短、运量较小，设备本身自动化程度不高，需增加人员和设备进行辅助。

5.2 加工工艺

砂石骨料的加工系统主要由粗碎车间、中细碎车间、超细碎车间（制砂车间）和筛洗车间构成，辅以除尘系统、污水处理系统等。

砂石骨料的加工通常包括粗碎、中碎、细碎、超细碎、棒磨制砂几道工序，有时为保证成品砂细度模数与石粉含量，增加整形车与磨粉等工序（图5-2）。

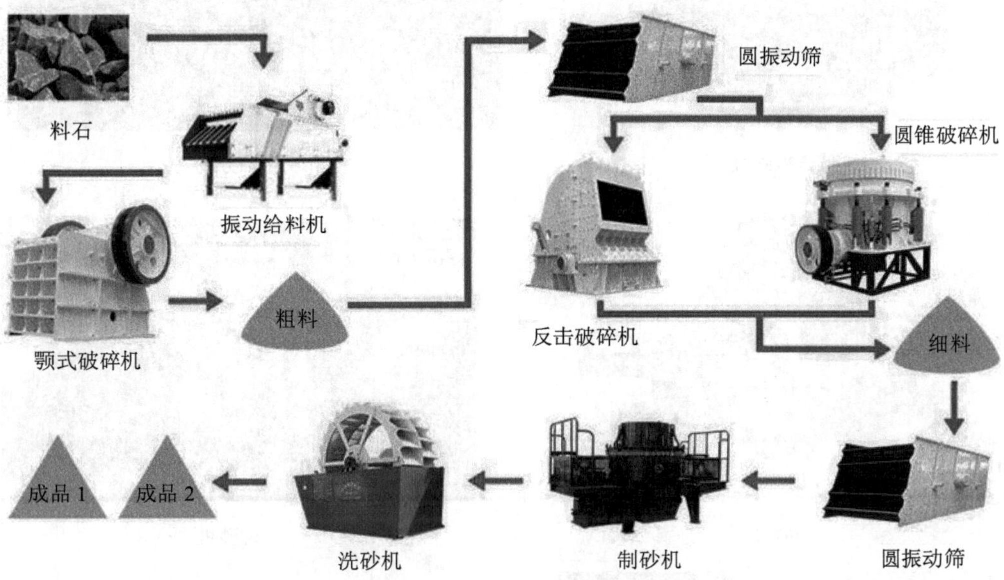

图5-2 砂石骨料加工工艺流程

目前生产砂石的设备主要有颚式破碎机、反击式破碎机、圆锥破碎机、筛分机、制砂机、洗砂机、输送机、运输车辆等数十种，部分设备见图5-3。砂石机械以非标设备居多，一般是由砂石机械装备企业根据矿石材质等要求自行设计、制造和安装调试，其生产线设计应符合《机制砂石骨料工厂设计规范》（GB 51186—2016）的要求，设计中要体现节能、环保、安全、高效的理念。

颚式破碎机

反击式破碎机

圆锥破碎机

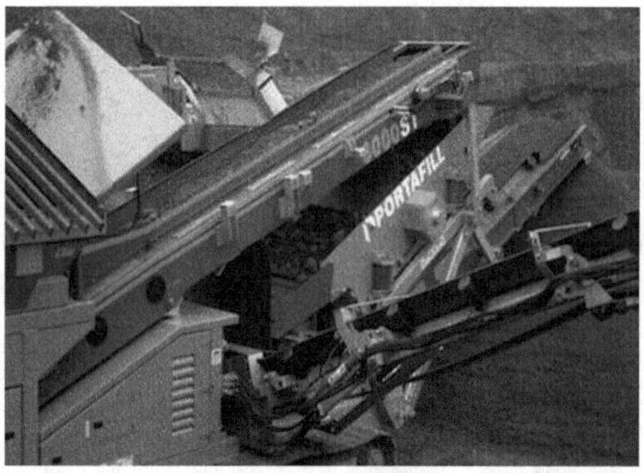

筛分机

制砂机

洗砂机

输送机

运输车辆

图 5-3 砂石骨料主要加工设备

5.2.1　破碎作业

破碎作业是将原矿破碎至满足磨矿、选矿或应用要求的粒度的粉碎技术，其原理是通过挤压（层压）、扭曲（剪切）、冲击（打击、撞击）、研磨等多种力或组合力作用的形式实现岩石破碎。

除特殊情况外，破碎通常采用粗碎、中碎、细碎三段工序，这是因为在多数情况下，现有的破碎设备无法一次就将大块原矿破碎至要求的细度。破碎段数的选择要依据原矿性质、原矿块度、产品粒度及设备类型而定。物料每经过一次破碎机，称为一个破碎段。破碎前后的粒度之比为该段破碎作业的破碎比，对每一次破碎作业来说，破碎比反映了经过破碎机粉碎，原矿或原料粒度减小的程度。各段破碎作业的破碎比的乘积为该破碎工艺流程的总破碎比（表 5-2）。

表 5-2　破碎机类型、性能及应用

类型	品种	破碎比	性能特点及应用
颚式破碎机	简摆式	（4∶1）～（9∶1）	产品较粗、粉矿较少，适合粗碎和中碎
	复摆式	（4∶1）～（9∶1）	生产能力较强、效率较高，适合中碎和细碎
圆锥破碎机	旋回式	（3∶1）～（10∶1）	处理量大、粉矿少，适合各种硬度物料的粗碎
	标准型	（4∶1）～（8∶1）	平行带短，适合各种硬度物料的粗碎、中碎
	短头型	（4∶1）～（8∶1）	平行带长，适合各种硬度物料的细碎
	中间型	（4∶1）～（8∶1）	平行带长度中等，适合各种硬度物料的中碎和细碎
辊式破碎机	单辊式	7∶1	适合脆软及磨蚀性物料的粗碎和中碎
	双辊式	（3∶1）～（18∶1）	粉矿少，适合物料的细碎
反击式破碎机	单转子	（30∶1）～（40∶1）	破碎比大，产品粒度均匀，适合脆性物料的粗、中、细碎
	双转子	（30∶1）～（40∶1）	
锤式破碎机		（20∶1）～（40∶1）	破碎比大、产品粒度均匀，适合脆性物料的粗、中、细碎
立轴冲击式破碎机		（10∶1）～（40∶1）	具有细碎、粗磨功能；受物料水分影响小；可破碎中硬和硬物料；产品颗粒形状规则，污染小

破碎作业时采用的工艺一般有以下三种形式：

（1）粗碎和中碎均开路生产（开路没有筛分的环节或者只有预先筛分的环节）。

该工艺的优点是无循环负荷，土建量小，设备配置相对较少；缺点是生产控制困难；

（2）粗碎和中碎开路生产，细碎采用闭路生产（闭路流程存在检查筛分的环节，可以很好地将大块的物料筛分出去，提高整个流程的破碎率）；

该工艺的优点是循环负荷轻，缺点是系统布置较为复杂，生产控制较为困难。

（3）粗碎开路，中细碎均闭路生产。

该工艺的优点是系统生产控制简单，中细碎协调作业可满足工程建设各个时期不同级配骨料的生产要求，系统布置灵活；缺点是系统土建量大、设备配置相对较多，部分物料需返回筛分破碎，循环负荷高。

工程中具体采用何种破碎工艺，需要结合系统规模、岩石类型、施工布置、设备选型和辅助设施等进行统筹考虑，作全面技术经济比较后确定。

5.2.2 筛分作业

在破碎作业中，常需要设置筛分设备，以控制产品粒度分布和提高破碎作业的效率。筛分作业不构成单独的作业段，而是与相应的破碎机构成破碎作业段。因此，无论一台破碎机配置一台还是多台筛分机，都是一个破碎作业段。

筛分是将颗粒大小不同的松散物料，通过单层或多层筛子分成若干不同粒级的过程。矿粒通过筛孔的可能性称为筛分概率，它与筛孔大小、物料粒径、筛子的有效面积、颗粒的运动方式以及物料的含水量等因素有关。

筛分效率是指实际得到的筛下产品质量与给料物料中小于筛孔尺寸粒级的质量之比，通常用百分数表示，它是衡量筛子工作状况的重要指标。使用筛分设备时，要求尽可能地将小于筛孔的细粒物料过筛到筛下产物中。

筛分设备的种类很多，分为振动筛、固定筛两大类，应用较多的是振动筛。固定筛有格筛和条筛两种，一般用于粗碎车间或天然骨料生产系统的采料场隔离超径石，但其筛分效率很低，只有 50%～70%，而且由于没有振动，物料很容易堵塞筛孔，清理筛板费时费力，影响生产，一般只在天然砂石料开采场储量很大且超径石较多，需将超径石全部丢弃时采用。常用筛分机械见表 5-3。

表 5-3 常用筛分机械

类型	工作原理	适用范围
固定筛	以 30°～35°倾斜安装的棒条靠物料自重沿筛面下滑而筛分	适用于直径大于 50 mm 的物料，常作为粗碎、中碎前的预先筛分
自定中心振动筛	利用主轴旋转时的偏心作用使筛框做圆周振动。由于偏心和飞轮配重所产生的离心力相互平衡，主轴空间位置保持不变	适用于连续均匀给料的中细颗粒骨料筛分

类型	工作原理	适用范围
直线振动筛	两根偏心轴反向同步回转，带动筛子做直线振动；安装后筛面呈水平状态，筛面大，振幅大，利于骨料的筛分，台时处理量大；结构复杂，能量较高，振幅调整困难	适用于粗颗粒、中颗粒、细颗粒骨料的筛分，湿法生产时也可作为脱水、脱泥设备使用
等厚筛	物料在不同倾角折线的筛面上运动速度逐渐减小，但是料层厚度保持恒定；每台机器每小时的产量高，筛孔不易堵塞，生产效率高，设备安装使用简单；需要的安装空间大，筛子工作面结构复杂	适用于粒径不大于 25 mm 的细骨料筛分
高频筛	筛分效率高，振幅小，频率高	适用于粒径不大于 25 mm 的细骨料筛分
圆筒筛	筛体呈圆筒形，靠旋转运动进行筛分	常用于洗矿作业
高方筛	筛框在偏心锤旋转带动下做平面圆运动，由十多层筛格叠加在一起进行筛分	筛分路线长，筛分效率高
旋振筛	在电机带动、重锤和弹簧等的作用下进行水平、垂直和倾斜的运动	主要用于细碎物料的筛分

砂石骨料筛分环节选择设备需要考虑的主要因素有筛分设备工作面积和通过能力；来料方向的骨料输送设备与振动筛之间的下料溜槽尺寸及振动筛工作面尺寸配合得当，保证骨料在筛面上均匀分布；根据筛分时产生的扬尘多少匹配收尘器，保证生产现场空气污染指标符合环保要求；振动筛出料溜槽和料斗的耐磨性能与物料下落过程中噪声污染的防护。

5.2.3 制砂作业

制砂作业因其重要性和复杂性，是目前国内砂石加工技术研究较多的环节。常用制砂加工设备有立式冲击式破碎机、棒磨机，工程应用中还有超细碎圆锥破碎机，如旋盘制砂机和圆锥破碎机。其他破碎设备如锤式破碎机等在制砂工艺中的应用已较为少见。立式冲击式破碎机制砂目前在国际上发展较快，应用也越来越多。棒磨机作为传统的制砂设备，在水电行业应用较为普遍。工程实践中常采用的制砂形式有如下四种。

5.2.3.1 冲击式破碎机加棒磨机联合制砂

该工艺集中了立轴破、棒磨机制砂的优点，两种设备生产出的产品相互取长补短，克服了中径含量、石粉流失过多等问题，自三峡下岸溪首次应用并获得成功后，目前应用最为广泛，技术最为成熟。

5.2.3.2 棒磨机单独制砂

棒磨机制砂机作为传统的设备，以细度模数可控性强的特点而被水电行业较为普遍地应用。同时，棒磨机生产出的产品石粉含量可控性强，但产量不高，钢耗、能耗、水耗高，单独使用的情况在中小型系统中仍有应用。以棒磨机单独制砂成功的案例有贵州乌江渡人工砂石系统、湖南五强溪人工砂石系统、云南漫湾人工砂石系统等。

5.2.3.3 冲击式破碎机物料不分级单独制砂

除粗中细碎产砂外，立轴破碎机出料经筛分后循环料再次进入立轴破碎，直至物料符合质量要求为止。在这个过程中要不断补充待破碎物料，满足产量和工况需要。

5.2.3.4 冲击式破碎机物料分级制砂

该工艺将待破碎物料分级，大物料进入低转速、高产量的立轴破碎，分级出的较小物料进入高转速、低产量的立轴破进行整形加工，弥补大产量的立轴破产品细度模数大、级配不理想的缺点。

5.2.4 洗砂作业

洗砂是处理与黏土胶结在一起或含泥量多的矿石的一种工艺，包括碎散和分离两项作业。当露出地表的原生矿床经长期风化、矿粒被黏土或分解物包裹，形成胶结或泥浆体，表面上观察呈块状者颇多时，可在分选之前采用与矿石破碎不同的摩擦选矿碎解方法进行处理，这样既能清除矿粒表面黏附物，又能防止不必要的粉碎或过粉碎。通常以水介质浸泡、冲洗或机械搅动（必要时需添加分散剂）的形式，借助矿粒之间的摩擦作用，将被矿泥黏附的矿粒解离并与黏土相分开，称为洗砂。常用的洗砂设备有螺旋洗砂机、轮斗式洗砂机和干法洗砂机。

5.2.4.1 螺旋洗砂机

螺旋洗砂机分为单螺旋洗砂机和双螺旋洗砂机两种，主要用于公路、水电、建筑等行业的洗选、分级、除杂，以及细粒度和粗粒度物料洗选等作业。螺旋洗砂机具有功率消耗小、洗净度高、密封结构好的优点，采用全封闭传动装置、可调式堰板，确保了设备耐用，清洗、脱水效果好，细粒产品品质稳定等特点。

螺旋洗砂机的机器转子采用中心结构，螺旋叶片安装在中心轴上，由减速机连接到中心轴上工作。借助固体颗粒比重的不同，应用在液体中沉降速度不同的原理，进行机械分级。螺旋洗砂机比传统制砂机节能 50%，其性能特点是：①结构简单，运行稳定；②轴承和水、物料分开，避免机器过早因污染生锈而损坏；③适用于各种各样的工作环境；④所洗物料流失少、选洗效率高，可完全满足高等级用料的要求；⑤使用寿命比较长，几乎没有易损件；⑥几乎不需要维修，成本大幅降低。

5.2.4.2 轮斗式洗砂机

轮斗式洗砂机适用于细粒度和粗粒度物料的洗选作业，尤其是建筑用砂、筑路用砂石。该洗砂机结构合理、维修便利、处理量大、功率消耗小、洗净度高。新颖的密封结构、全封闭油浴式传动装置、可调式溢流堰板，确保了产品耐用，清洗、脱水效果好，细粒产品保持稳定等特点。

轮斗式洗砂机通过中轴的圆周性转动，从而将水槽中的砂石或矿渣颗粒物料在水中搅拌、翻转、淘洗并使受水物料在叶轮中脱水后排出。其性能特点是：①该机器结构简单，叶轮传动轴承装置与水和受水物料隔离，避免了轴承因浸水、砂和污染物导致损坏的现象发生；②该洗砂机用于砂石场洗砂时与传统的螺旋洗砂机相比有明显优势：a. 中细砂和石粉流失较少，所洗建筑砂级配和细度模数达到《建设用砂》（GB/T 14684—2011）和《建设用卵石、碎石》（GB/T 14685—2011）要求；b. 该机器除筛网外几乎无易损件；c. 使用寿命长，长期不用维修。

5.2.4.3　干法洗砂机

干法洗砂机现已广泛应用于砂石厂、建筑工地、水电站及混凝土大坝土建、电杆和大型预制管道、铸造网砂、油井回填压力砂、玻璃石英砂等生产单位，其工作原理是将制砂机制成的 0～4.75 mm 原状人工砂，从本机原料口放入，经过重力分级和离心分级的双重分级力场，进入无动力打散区，在分散装置处呈门帘状进入机制砂专用选粉机内自由下落，经过耐磨格栅时，原状人工砂中较小颗粒受引风影响，产生 120°变向，再被剥离出来；细小颗粒在高压强风作用下迅速离开砂的表面，上升进入布袋吸尘器；较粗颗粒则继续下降。经过二次进风口时，高压风把经过初选的砂子进行二次擦洗，最大限度地降低了砂子的含粉率，且各部分的选粉条件稳定不变，分选精度较高。

该机器的性能特点是：①突破了原始的水洗分选理念，改水洗分选为干物料直接分选，节约水资源；②分选效果好，将物料“一分为三”，即粗砂（直径＞1.25 mm）、细砂（160 μm＜直径＜1.25 mm）、石粉，粗砂返回破碎机，中粗砂直接进成品库，细砂粉进细库，能大幅提高分选产量，提升产品等级；③设备配置简单，成本低廉；④密封性能好，除尘效果显著，可大幅减少粉尘排放量。

5.2.5　除尘与用水系统

大型砂石骨料生产工艺根据生产过程中用水量的多少分为干法、湿法、半干法 3 种生产方式。

5.2.5.1　干法生产

干法生产是指除个别工艺环节喷雾除尘用水外，其他在整个工艺过程中基本不用水，主要适用于我国北方寒冷、干旱、水资源严重缺乏、矿石原料中夹杂的土料能通过筛分剔除干净的地区，在建材行业中应用广泛。

图 5-4 为典型的干法生产工艺流程，原料经过振动给料筛和筛分机组合筛除泥土以后，一般要经过粗碎和中碎两道破碎工序后再进行检查筛分，通过筛分将矿石分成 3 个部分：达不到产品粒度要求的最粗一级矿石返回中碎设备重新破碎，这部分返料在中细碎和筛分工序之间形成一个闭路循环；中等粒度矿石直接作为骨料成品进入产品仓或者堆场；小于一定粒度的原料进入立式整形制砂机进行整形制砂，制砂部分产生的石粉通过选粉机和空气除尘设备收集起来，进入密闭的石粉仓。

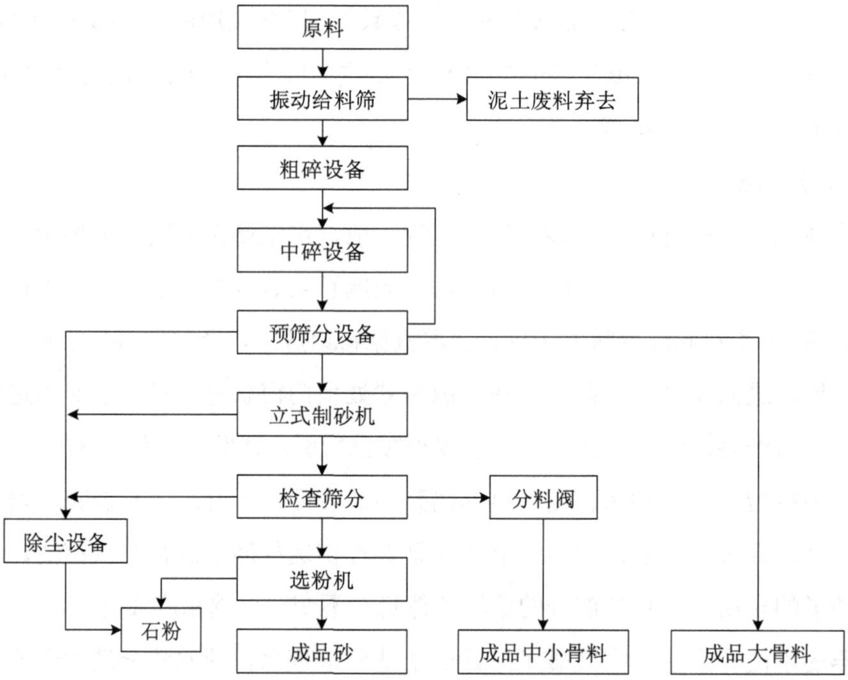

图 5-4 干法生产工艺流程

5.2.5.2 湿法生产

湿法生产是指在生产过程中将水作为工作介质和抑尘措施，全程参与砂石骨料的生产，主要适用于我国南方、水资源丰富或矿石原料中夹杂的黏土料无法通过干法筛分并剔除干净的地区，在水利水电行业中被应用广泛。

图 5-5 所示为典型的湿法生产工艺流程，原料经过振动给料机或振动筛筛去泥土以后，大块原料要经过粗碎和中碎两道破碎工序后再进行筛分，将原料分成 3 个部分：达不到产品粒度要求的最粗一级矿石返回中碎设备重新破碎，这部分返料在中碎和筛分工序之间将形成一个闭路循环；中等粒度矿石直接作为骨料成品进入产品仓或者堆场；满足整形制砂机进料粒度要求的原料进入立式整形制砂机进行整形制砂，生产出来的砂石经过检查筛分成砂和各种规格的骨料，再经螺旋或斗轮洗砂机冲洗后成为成品砂，骨料

可以经洗石机冲洗后成为最终成品。通过分料阀可以调节各种成品骨料的比例。

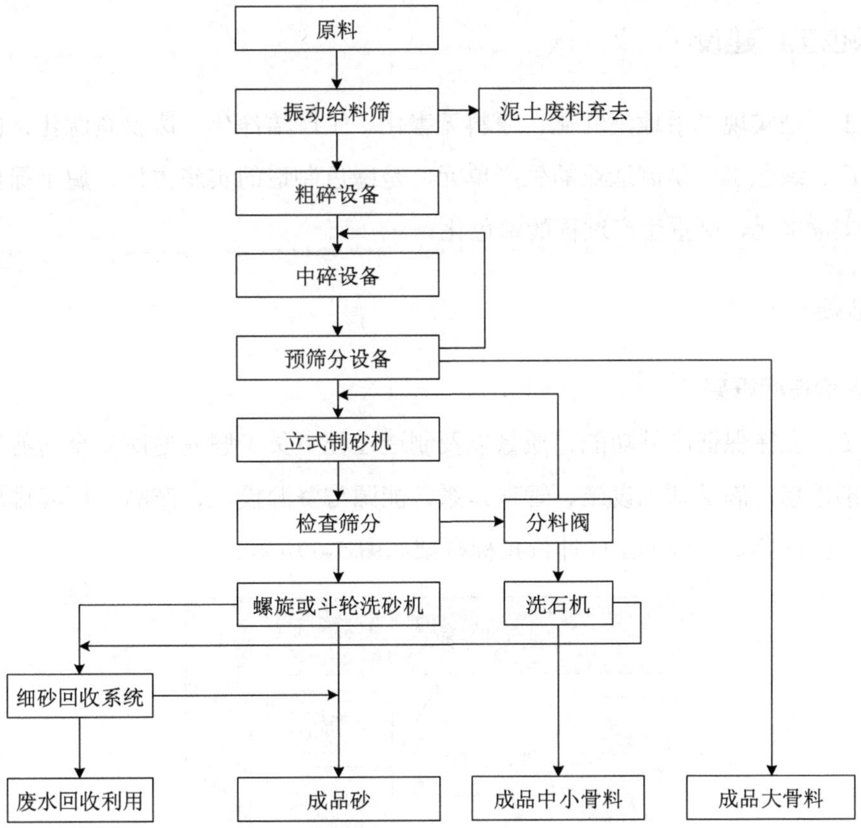

图 5-5　湿法生产工艺流程

5.2.5.3　半干法生产

这种生产工艺的用水量介于湿法、干法两种生产工艺之间，在我国南方以石灰石为主要原料的水电工程的配建砂石厂中应用较多。其典型工艺流程与湿法工艺流程几乎一样，它们的主要区别就是检查筛分阶段不再加水冲洗，相应地成品砂也部分或全部不进行冲洗。所以，相对于湿法来说用水量少了很多，成品砂石粉含量相应也高了很多。但是在制砂过程中产生的骨料还和湿法生产一样，经过洗石机冲洗才算是最终产品，另外在预筛分环节也要用水冲洗去除石料上的泥土、石粉等杂质，冲洗后粒度 5～40 mm 的矿石进入制砂环节。相对于干法工艺，半干法工艺在生产过程中还需要配置相应的给排水和污水处理设备，只不过供水量相对于湿法工艺少了一些。

半干法生产工艺兼具干法工艺和湿法工艺的优缺点，其总体投资和生产运行成本也介于两者之间。半干法工艺最明显的缺点就是由于制砂原料中含水率在 6%～10%，特别容易引起筛分设备筛孔堵塞，造成筛分困难，进而引起成品砂产量降低，单位生产成本增加。

5.3 绿色工厂建设

绿色工厂是实现“用地集约化、原料无害化、生产洁净化、废物资源化、能源低碳化”的工厂。绿色工厂是制造业的生产单元，是绿色制造的实施主体，属于绿色制造体系的核心支撑单元，侧重生产过程的绿色化。

5.3.1 总则

5.3.1.1 评价指标框架

绿色工厂应在保证产品功能、质量以及制造过程中员工职业健康安全的前提下，引入生命周期思想，满足基础设施、管理体系、能源与资源投入、产品、环境排放、环境绩效的综合评价要求。绿色工厂评价指标框架如图 5-6 所示。

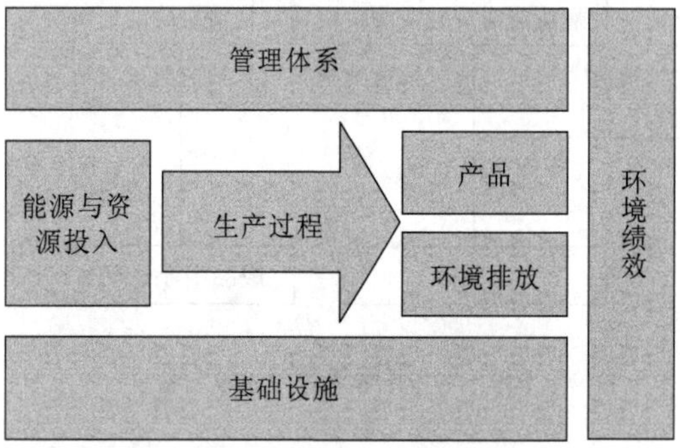

图 5-6 绿色工厂评价指标框架

5.3.1.2 评价依据

①工业和信息化部组织制定绿色工厂评价标准体系，制定《绿色工厂评价通则》以及各行业绿色工厂评价导则标准，鼓励地方行业主管部门依据相关标准开展地方绿色工厂试点示范评价工作。

②绿色工厂试点示范项目评价工作按行业进行，绿色工厂所属行业依据《国民经济行业分类》(GB/T 4754—2017) 进行分类。

③地方行业主管部门需在本地区的绿色制造体系建设实施方案中细化绿色工厂创建工作内容，并依据规定的评价指标体系明确本地区绿色工厂评价要求及评分标准，达到地方规定的分数要求的单位可纳入绿色工厂名单。

5.3.1.3　评价方式

①绿色工厂试点示范评价应由独立于工厂的第三方组织实施。

②实施评价的组织应收集评价证据，并确保证据的完整性和准确性。证据收集方式包括但不限于查看报告文件、统计报表、原始记录；根据实际情况，开展对相关人员的座谈；实地调查、抽样调查等。

③实施评价的组织应对评价证据进行分析，评价工厂是否满足评价要求提出的综合评价指标。满足所有必选评价要求并达到地方规定分数要求的工厂，可纳入绿色工厂名单。

5.3.2　评价指标

绿色工厂评价指标分为一级指标和二级指标，具体要求包括基本要求和预期性要求。基本要求是纳入绿色工厂试点示范项目的必选评价要求，预期性要求是绿色工厂创建的参考目标。具体指标要求见表 5-4。

表 5-4　绿色工厂评价指标

评价指标要求			备注
一般要求	合规性与相关方要求	①工厂应依法设立，在建设和生产过程中应遵守有关法律、法规、政策和标准，近 3 年无重大安全、环保、质量等事故，成立不足 3 年的企业，成立以来无重大安全、环保、质量等事故。 ②对利益相关方环境要求作出承诺的，应同时满足有关承诺要求	—
	管理职责	①最高管理者应分派绿色工厂相关的职责和权限，确保相关资源的获得，并承诺和确保满足绿色工厂的评价要求。 ②工厂应设有绿色工厂管理机构，负责有关绿色制造的制度建设、实施、考核及奖励工作，建立目标责任制。 ③工厂应有绿色工厂建设中长期规划及量化的年度目标和实施方案。 ④工厂定期提供绿色工厂相关教育、培训，并评估教育和培训结果	—
基础设施	建筑	①工厂新建、改建和扩建建筑时，应遵守国家“固定资产投资项目节能评估审查制度”“三同时制度”“工业项目建设用地控制指标”等产业政策和有关要求。 ②工厂的建筑应满足国家或地方相关法律法规及标准的要求。 ③厂房内部装饰装修材料中醛、苯、氨、氡等有害物质必须符合国家和地方法律、标准要求。 ④危险品仓库、有毒有害操作间、废弃物处理间等产生污染物的房间应独立设置	①工厂建筑从建筑材料、建筑结构、绿化及场地、再生资源及能源利用等方面进行建筑的节材、节能、节水、节地及可再生能源利用。 ②适用时，工厂的厂房采用多层建筑

评价指标要求			备注
基础设施	计量设备	工厂应依据 GB 17167—2006、GB 24789—2009 等的要求配备、使用和管理能源、水以及其他资源的计量器具和装置。能源及资源使用的类型不同时，应进行分类计量	—
	照明	工厂厂区及各房间或场所的照明功率密度应符合 GB 50034—2004 规定现行值	—
管理体系	管理体系基本要求	工厂应建立、实施并保持满足 GB/T 19001—2016 的要求的质量管理体系和满足 GB/T 28001—2011 的要求的职业健康安全管理体系	通过质量管理体系和职业健康安全管理体系第三方认证
	环境管理体系	工厂应建立、实施并保持满足 GB/T 24001—2016 要求的环境管理体系	通过环境管理体系第三方认证
	能源管理体系	工厂应建立、实施并保持满足 GB/T 23331—2020 要求的能源管理体系。通过能源管理体系第三方认证	
	社会责任	—	每年发布社会责任报告，说明履行利益相关方责任的情况，特别是环境社会责任的履行情况，报告公开可获得
能源资源投入	能源投入	①工厂应优化用能结构，在保证安全、质量的前提下减少能源投入。 ②工厂及其生产的产品应满足工业节能相关的强制性标准。 ③已明令禁止生产、使用的和能耗高、效率低的设备应限期淘汰更新，用能设备或系统的实际运行效率或主要运行参数应符合该设备经济运行的要求。 ④适用时，工厂使用的设备应达到相关标准中能效限定值的强制性要求	①工厂建有能源管理中心。 ②工厂建有厂区光伏电站、智能微电网。 ③工厂使用的通用用能设备采用了节能型产品或效率高、能耗低的产品。 ④工厂使用了低碳清洁的新能源。 ⑤可行时，使用可再生能源替代不可再生能源
	资源投入	①工厂应减少原材料，尤其是有害物质的使用。 ②工厂应评估有害物质及化学品减量使用或替代的可行性	—
	采购	①工厂应制定并实施选择、评价和重新评价供方的准则，确保供方能够提供符合工厂环保要求的材料、元器件、部件或组件。 ②工厂应确定并实施检验或其他必要的活动，确保采购的产品满足规定的采购要求	满足绿色要求
产品	生态设计	工厂在产品设计中引入生态设计的理念	满足绿色产品（生态设计产品）评价要求
	节能	工厂生产的产品若为用能产品，应满足相关产品的国家、行业或地方发布的产品能效标准中的限定值要求，未制定产品能效标准的，产品能效应不低于行业平均值	达到国家、行业或地方发布的产品能效标准中的先进值要求，未制定产品能效标准的，产品能效达到行业前 20%的水平
	碳足迹	—	①采用公众可获取的标准或规范对产品进行碳足迹盘查或核查。 ②利用盘查或核查结果对其产品的碳足迹进行改善。盘查或核查结果对外公布
	有害物质限制	工厂生产的产品应减少有害物质的使用，并满足国家对产品中有害物质限制使用的要求	—

评价指标要求			备注
环境排放	污染物处理设备	工厂应投入适宜的污染物处理设备，以确保其污染物排放达到相关法律法规及标准要求。污染物处理设备的处理能力应与工厂生产排放相适应，并应正常运行	—
	大气污染物排放	工厂的大气污染物排放应符合相关国家标准及地方标准要求	—
	水污染物排放	工厂的水体污染物排放应符合相关国家标准及地方标准要求	—
	固体废物排放	工厂需委托具有能力和资质的企业进行固体废物处理，适用时应符合相关废弃产品拆解处理要求标准	—
	噪声排放	工厂的厂界环境噪声排放应符合相关国家标准及地方标准要求	—
	温室气体排放	工厂应采用公众可获取的标准或规范对厂界范围内的温室气体排放进行盘查，并利用盘查结果对温室气体的排放进行改善	①工厂获得温室气体排放量第三方核查声明。 ②利用核查结果对温室气体的排放进行改善。 ③核查结果对外公布
绩效	用地集约化	工厂容积率应不低于《工业项目建设用地控制指标》的要求	工厂容积率达到《工业项目建设用地控制指标》（国土资发〔2008〕24 号）要求的 1.2 倍以上
		单位用地面积产值不低于地方发布的单位用地面积产值的要求。未发布单位用地面积产值的地区，单位用地面积产值应超过本年度所在省市的单位用地面积产值	①单位用地面积产值达到地方发布的单位用地面积产值的要求的1.5 倍以上。 ②未发布单位用地面积产值的地区，单位用地面积产值应达到本年度所在省市的单位用地面积产值，建议达到 1.2 倍以上
	生产洁净化	单位产品主要污染物产生量（包括化学需氧量、氨氮、二氧化硫、氮氧化物等）应不高于行业平均水平（装备、电子、电器等离散制造业可采用单位产值或单位工业增加值指标）	单位产品主要污染物产生量优于行业前 20%的水平。（装备、电子、电器等离散制造业可采用单位产值或单位工业增加值指标）
		单位产品废气产生量应不高于行业平均水平（装备、电子、电器等离散制造业可采用单位产值或单位工业增加值指标）	单位产品废气产生量优于行业前 20%水平。（装备、电子、电器等离散制造业可采用单位产值或单位工业增加值指标）
		单位产品废水产生量应不高于行业平均水平（装备、电子、电器等离散制造业可采用单位产值或单位工业增加值指标）	单位产品废水产生量优于行业前 20%水平。（装备、电子、电器等离散制造业可采用单位产值或单位工业增加值指标）
绩效	废物资源化	单位产品主要原材料消耗量应不高于行业平均水平	单位产品主要原材料消耗量优于行业前 20%的水平
		工业固体废物综合利用率应大于 65%（根据行业特点，该指标可在±20%之间选取）	工业固体废物综合利用率达到 73%（根据行业特点，该指标可在±20%之间选取）
		废水处理回用率高于行业平均值	废水处理回用率优于行业前 20%水平
	能源低碳化	单位产品综合能耗应符合相关国家、行业或地方标准中的限额要求。未制定相关标准的，应达到行业平均水平（装备、电子、电器等离散制造业可采用单位产值或单位工业增加值指标）	①单位产品综合能耗达到相关国家、行业或地方标准中的先进值要求 ②未制定相关标准的，应优于行业前 20%的水平（装备、电子、电器等离散制造业可采用单位产值或单位工业增加值指标）
		单位产品碳排放量应不高于行业平均水平（装备、电子、电器等离散制造业可采用单位产值或单位工业增加值指标）	单位产品碳排放量优于行业前 20%的水平（装备、电子、电器等离散制造业可采用单位产值或单位工业增加值指标）

5.3.3 建设内容

本部分给出了绿色工厂创建的一般性内容，包括但不限于以下措施。

5.3.3.1 基础设施

（1）建筑

①一般要求：充分利用自然通风，采用保温、隔热、遮阳等措施，宜采用钢结构建筑和金属建材、生物质建材、节能门窗、新型墙体和节能保温材料等绿色建材，在满足生产需要的前提下优化围护结构热工性能、外窗气密性等参数，降低厂房内部能耗。

②新建、改建和扩建：根据规模生产的特点多采用一次规划、分期实施，厂房分期建设、设备分期采购，产品分期投入的方式以满足生产和企业发展的要求，总体工艺设计应充分考虑分期衔接，实现投资的技术经济合理性，资源、能源的高效利用，预留太阳能光伏等可再生能源应用场地和设计负荷，考虑与所在园区产业耦合度高，充分利用园区的配套设施。

（2）计量设备

①需建立计量体系，计量仪器应符合《用能单位能源计量器具配备和管理通则》（GB 17167—2006）的要求，并定期进行校准。

②计量器具覆盖主要的能源、资源消耗设施。

③具有废气、废水、粉尘、固体废物、噪声等重点环境排放测量设施，现有计量设施无法满足实际需求的，需与具有相关资质的第三方机构签订协议，定期对工厂相关的环境排放进行监测。

④对所有计量结果需建立完善的记录，并进行定期分析，制订和实施改造计划。

⑤有条件的企业，可采用信息化手段对能源、资源的消耗以及环境排放进行动态监测。

（3）照明

充分利用自然采光、优化窗墙面积比、屋顶透明部分面积比，不同的场所的照明应进行分级设计，公共场所的照明应采取分区、分组与定时自动调光等措施。

5.3.3.2 管理体系

（1）管理体系基本要求

工厂应建立为实现质量目标所必需的、系统的质量管理模式，涵盖满足顾客需求、设计、研制、生产、检验、销售、交付的全过程，以文件的方式，成为工厂内部质量管理工作的要求。工厂应建立职业健康安全管理体系，用于制订和实施组织的职业健康安全方针，并管理职业健康安全风险。可采取以下证明方式：

①由工厂或工厂所属的组织发布符合 GB/T 19001—2016 和 GB/T 28001—2011 要求的自我声明。

②相关方出具的工厂符合 GB/T 19001—2016 和 GB/T 28001—2011 要求的第二方声明。

③第三方认证机构颁发的工厂或工厂所属的组织符合 GB/T 19001—2016 和 GB/T 28001—2011 要求的认证证书。

（2）环境管理体系

工厂应建立环境方针、目标和指标等管理方面的内容，为制订、实施、实现、评审和保持环境方针提供所需的组织机构、规划活动、机构职责、惯例、程序、过程和资源。可采取以下证明方式：

①由工厂或工厂所属的组织发布符合 GB/T 24001—2016 要求的自我声明。

②相关方出具的符合 GB/T 24001—2016 要求的第二方声明。

③第三方认证机构颁发的工厂或工厂所属的组织符合 GB/T 24001—2016 要求的认证证书。

（3）能源管理体系

工厂应建立能源方针、能源目标、过程和程序以及实现能源绩效目标，为制订、实施、实现、评审和保持能源方针提供所需的组织机构、规划活动、机构职责、惯例、程序、过程和资源。可采取以下证明方式：

①由工厂或工厂所属的组织发布符合 GB/T 23331—2020 要求的自我声明。

②相关方出具的工厂符合 GB/T 23331—2020 要求的第二方声明。

③第三方认证机构颁发的工厂或工厂所属的组织符合 GB/T 23331—2020 要求的认证证书。

（4）社会责任报告

工厂或工厂所属的组织按照 GB/T 36000—2015、ISO 26000 或 SA 8000 的要求，编制社会责任报告，发布在网站或通过印刷形式向利益相关方传达。

5.3.4　能源与资源投入

5.3.4.1　能源投入

①工厂宜做好能源选取的规划，优先采用可再生能源、清洁能源，充分利用供能系统余热提高能源使用效率，可以采取优化生产工艺、多能源互补供能等方式，降低非清洁能源的使用率，重视自主创新，推进制造装备的节能改造。

②工厂宜建设光伏、光热、地源热泵和智能微电网，适用时可采用风能、生物质能

等，提高生产过程中可再生能源的使用比例。

③采用国家鼓励的生产工艺、设备及产能，包括《节能机电设备（产品）推荐目录》《“能效之星”产品目录》《通信行业节能技术指导目录》《国家重点推广的电机节能先进技术目录》等文件中推荐的生产工艺、设备及产能。

④对国家明令淘汰的生产工艺、设备及产能进行识别并避免采购，包括《高耗能落后机电设备（产品）淘汰目录》《部分工业行业淘汰落后生产工艺装备和产品指导目录（2010 年本）》《高耗能老旧电信设备淘汰目录》等文件中明令淘汰的生产工艺、设备及产能；对于正在使用的国家明令淘汰的生产工艺、设备及产能，但尚未达到淘汰时间的，应制订明确的淘汰计划。

⑤采用物联网、云计算等，提升工厂生产效率，开展智能制造，以降低单位产品能源资源消耗。

⑥对工厂的生产设施做好规划，分步进行建设，使已投产设施的使用率保持在较高水平，或实现满产，提高设备的开动率，减少设备空载时间。

⑦生产设备应根据生产工艺流程、物料搬运、信息控制、结构系统等因素确定其在厂房内部的布置设计方式，避免设备及照明用的电力线路和工业水（包含供回水、水质检测监测系统等）管道的迂回交错铺设。

⑧生产工艺宜考虑采用以下方面的节能措施，提高能源利用率：高低温分区的温湿度独立控制、排风热回收、供配电系统节能、动力站房节能、动力节能、集中供油系统等。

5.3.4.2 资源投入

①工厂宜使用回收料、可回收材料替代新材料、不可回收材料。

②工厂宜替代或减少全球增温潜势较高的温室气体的使用。

③工厂向供方提供的采购信息应包含有害物质使用、可回收材料使用、能效等环保要求。

④工厂宜建立供应链管理体系，对供应链各个环节进行有效策划、组织和控制，改善供应链系统。

⑤工厂宜将生产者责任延伸理念融入业务流程，综合考虑经济效益与资源节约、环境保护、人体健康安全要求的协调统一。

5.3.5 产品评价指标

5.3.5.1 生态设计

①尽量减少所使用材料的种类，以便于产品废弃回收。

②减轻所用材料的重量，提高原材料的使用率。

③生产过程中减少消耗品的种类和消耗量。

④提高回收材料或可再生材料所占比例。

⑤采用易拆解和再循环的设计、减少零部件上的涂层或覆膜、避免使用难分离材料等，便于产品在废弃过程中的回收、处理和再利用。

⑥采用通用性标准化模块化设计、采用可升级、可维修设计和服务。

⑦对较大的零部件、材料及包装进行材料的标识等。

⑧宜采用使用新能源（如燃料电池）或可再生能源的设计，如产品使用太阳能电池作为能源。

5.3.5.2　产品节能

①由工厂或工厂所属的组织对产品符合相关要求的情况进行自我声明。

②第三方认证机构颁发的产品符合相关要求的认证证书。

5.3.5.3　碳足迹

①企业可参考 ISO/TS 14067：2013《温室气体产品碳足迹关于量化和通报的要求和指南》和 PAS 2050：2011《商品和服务在生命周期内的温室气体排放评价规范》等国际国外标准，开展产品碳足迹量化与核查工作，以产品设计、生产、消费等过程为核心，减少产品生命周期内的温室气体排放。

②可在产品包装上或产品说明书中标示产品碳足迹，以向社会传递产品的碳属性。

③可将碳足迹的改善纳入环境目标，并制订相关的提升计划。

5.3.5.4　有害物质限制使用

工厂应按照《电器电子产品有害物质限制使用管理办法》的要求，依据《电子电气产品中限用物质的限量要求》（GB/T 26572）、《电子电气产品六种限用物质（铅、汞、镉、六价铬、多溴联苯和多溴二苯醚）的测定》（GB/T 26125）、《电子电气产品限用物质管理体系要求》（GB/T 31274）和《电子电气产品有害物质限制使用标识要求》（SJ/T 11364）等国家和行业标准，开展有害物质限制使用相关的检测、标识和管理等工作，尽量减少产品中铅、汞、镉、六价铬、多溴联苯和多溴二苯醚等有害物质的含量。可采取以下证明方式：

①由工厂或工厂所属的组织对产品符合相关要求的情况进行自我声明。

②获得国家统一推行的电子信息产品污染控制认证证书。

5.3.5.5　可回收利用率

①在不影响产品性能、安全的前提下，提高可再生材料的使用率。

②可将可回收利用率的改善纳入环境目标，并制订相关的提升计划。

5.3.6 环境排放

5.3.6.1 一般要求

①如工厂对环境的直接排放无法满足国家、行业、地方相关法律法规和标准需要时，需建设废气、废水、粉尘、固体废物、噪声等处理设施，优先采购《国家鼓励发展的重大环保技术装备目录》《大气污染防治重点工业行业清洁生产技术推行方案》中的技术装备。

②工厂可配备 $PM_{2.5}$ 便携式监测仪、挥发性有机物（VOCs）在线分析仪等环境监测仪器。

③工厂可采用高浓度氨氮废水处理、超临界水氧化处理、动态膜过滤、污泥高速流体喷射破碎干化等回收处理技术。

④工厂也可将污染物处理外包给园区公共基础设施（如园区的污水处理设施）、有资质的污染物处理企业，以实现达标排放。

5.3.6.2 固体废物

企业应按照《中华人民共和国固体废物污染环境防治法》的要求，管理工业固体废物和危险废物。

①依据《一般工业固体废物贮存、处置场污染控制标准》（GB 18599）等国家和行业标准，管理一般工业固体废物；

②依据《危险废物贮存污染控制标准》（GB 18597）、《危险废物填埋污染控制标准》（GB 18598）和《危险废物焚烧污染控制标准》（GB 18484）等有关标准和规定处置危险废物；

③制定了固体废物回收处理要求，落实责任，防止固体废物的非正规处理；

④需要委托外部回收处理的企业，与符合《再生资源回收管理办法》《危险废物经营许可证管理办法》且具有相关资质的单位签署了回收处理协议。

5.3.6.3 温室气体

①温室气体核查可依据 ISO 14064 标准；

②已开展碳排放权交易的地区，可依据当地发布的碳排放核查要求；

③工厂可推动使用再生能源和植树造林等方式，来实现碳中和，降低温室效应。

5.3.7 环境绩效

工厂可综合参照基础设施、管理体系、能源与资源投入、产品、环境排放等部分建设内容，实现工厂用地集约化、生产洁净化、废物资源化、能源低碳化的绿色工厂建设目标，提升以下环境绩效指标。

5.3.7.1　**容积率**

工厂容积率按式（5-1）计算。

$$R = \frac{A_{总建筑物} + A_{总构筑物}}{A_{用地}} \tag{5-1}$$

式中，R——工厂容积率，量纲为 1；

$A_{总建筑物}$——工厂总建筑物建筑面积，参照《建筑工程建筑面积计算规范》（GB/T 50353—2013）计算，m^2；

$A_{总构筑物}$——工厂总构筑物建筑面积，m^2；

$A_{用地}$——工厂用地面积，m^2。

5.3.7.2　**单位用地面积产值**

单位用地面积产值按式（5-2）计算。

$$n = \frac{N}{A_{用地}} \tag{5-2}$$

式中，n——单位用地面积产值，万元/hm^2；

N——工厂总产值，万元；

$A_{用地}$——工厂用地面积，hm^2。

5.3.7.3　**单位产品主要污染物产生量**

单位产品主要污染物产生量按照式（5-3）计算。

$$s_i = \frac{S_i}{Q} \tag{5-3}$$

式中，s_i——生产单位合格产品某种主要污染物产生量；

S_i——统计期内，某种主要污染物产生量，t；

Q——统计期内合格产品产量，t。

5.3.7.4　**单位产品废气产生量**

生产单位合格产品废气产生量按照式（5-4）计算。

$$g_i = \frac{G_i}{Q} \tag{5-4}$$

式中，g_i——单位产品某种废气产生量；

G_i——统计期内，某种废气产生量，m^3；

Q——统计期内合格产品产量。

5.3.7.5 **单位产品主要原材料消耗量**

单位产品主要原材料消耗量按式（5-5）计算。

$$M_{ui} = \frac{M_i}{Q} \tag{5-5}$$

式中，M_{ui}——单位产品主要原材料消耗量；

M_i——统计期内，生产某种产品的某种主要原材料消耗总量，t；

Q——统计期内合格产品产量，t。

5.3.7.6 **工业固体废物综合利用率**

工业固体废物综合利用率参照《工业固体废物综合利用技术评价导则》（GB/T 32326—2015）计算。

5.3.7.7 **废水处理回用率**

废水处理回用率参照《工业废水处理与回用技术评价导则》（GB/T 32327—2015）计算。

5.3.7.8 **单位产品综合能耗**

已发布单位产品能耗限额标准或能耗计量统计标准的，按照相关标准进行计算，未发布相关标准的，参照《综合能耗计算通则》（GB/T 2589—2020）和《单位产品能源消耗限额编制通则》（GB/T 12723—2013）进行计算。

5.3.7.9 **单位产品碳排放量**

生产单位合格产品碳排放量按式（5-6）计算。

$$c = \frac{C}{Q} \tag{5-6}$$

式中，c——单位产品碳排放量，kg；

C——统计期内，工厂边界内二氧化碳当量排放量，kgeCO_2；

Q——统计期内合格产品产量，eCO_2。

第 6 章　节能与能源高效利用

目前，我国已经成为世界最大的能源消费国和能源生产国。面对资源约束趋紧、人类对资源的无序开采与利用、环境污染严重、生态系统退化的严峻形势，如何促进资源节约，推动能源科学高效利用，建设生态文明社会成为亟待解决的问题。

加强生态文明建设、实现绿色低碳和文明生产是党中央、国务院从实现现代化强国的战略高度作出的重大决策部署。推动砂石行业节能减排是实现生态文明建设的重要内容和实际举措，也是实施“创新提升、超越引领”发展战略的重要内容。砂石骨料行业是资源依赖型和能源消耗型行业，到“十三五”末期，年开采量将达到 250 亿 t，行业的节能降耗工作非常重要。

在中国建材联合会制定的《2019 年砂石行业大气污染防治攻坚战实施方案》中，确定在 2018 年砂石行业节能减排达标率 85%的基础上，通过调结构、淘汰落后产能、技术创新提升等措施，到 2019 年年底砂石行业节能减排达标率达 90%以上。同时，中国建材联合会公示了《2019 年砂石行业节能减排达标计划和实施方案》，按照目前砂石行业的发展趋势，到 2020 年年底，全部砂石生产企业都将达标。

6.1　节能概况

6.1.1　概念

按照世界能源委员会1979 年提出的定义，节能就是应用技术上现实可靠、经济上可行合理、环境和社会都可以接受的方法，有效地利用能源，提高用能设备或工艺的能量利用效率。其中，技术上现实可靠是指在现有技术基础上可以实现；经济上可行合理就是要有一个合适的投入产出比；环境可以接受是指减少对环境的污染，其指标要达到环保要求；社会可以接受是指不影响正常的生产水平的提高；有效就是要降低能源的损失与浪费。

狭义地讲，节能是指节约煤炭、石油、电力、天然气等能源。从节约石化能源的角度来讲，节能和降低碳排放是息息相关的。

广义地讲，节能是指除狭义节能内容之外的节能方法，如节约原材料，提高产品质量、劳动生产率，减少人力消耗、提高能源利用效率等。

6.1.2 节能依据

6.1.2.1 法律

①《中华人民共和国固体废物污染环境防治法》（2020 年 4 月 29 日，第十三届全国人民代表大会常务委员会第十七次会议修订通过，自 2020 年 9 月 1 日起施行）

②《中华人民共和国建筑法》（2019 年 4 月 23 日，第十三届全国人民代表大会常务委员会第十次会议《关于修改〈中华人民共和国建筑法〉等八部法律的决定》修订）

③《中华人民共和国电力法》（2018 年 12 月 29 日，第十三届全国人民代表大会常务委员会第七次会议《关于修改〈中华人民共和国电力法〉等四部法律的决定》第三次修订）

④《中华人民共和国节约能源法》（2018 年 10 月 26 日，第十三届全国人民代表大会常务委员会第六次会议《关于修改〈中华人民共和国野生动物保护法〉等十五部法律的决定》第二次修订）

⑤《中华人民共和国循环经济促进法》（2018 年 10 月 26 日，第十三届全国人民代表大会常务委员会第六次会议修订《中华人民共和国循环经济促进法》，自公布之日起施行）

⑥《中华人民共和国计量法》（2018 年 10 月 26 日，第十三届全国人民代表大会常务委员会第六次会议《关于修改〈中华人民共和国野生动物保护法〉等十五部法律的决定》第五次修订）

⑦《中华人民共和国水法》（2016 年 7 月 2 日，第十二届全国人民代表大会常务委员会第二十一次会议《关于修改〈中华人民共和国节约能源法〉等六部法律的决定》第二次修订）

⑧《中华人民共和国环境保护法》（2014 年 4 月 24 日，第十二届全国人民代表大会常务委员会第八次会议修订通过，自 2015 年 1 月 1 日起施行）

⑨《中华人民共和国清洁生产促进法》（2012 年 2 月 29 日，第十一届全国人民代表大会常务委员会第二十五次会议《关于修改〈中华人民共和国清洁生产促进法〉的决定》修订，自 2012 年 7 月 1 日起施行）

⑩《中华人民共和国统计法》（2009 年 6 月 27 日，第十一届全国人民代表大会常务委员会第九次会议修订）

⑪《中华人民共和国城乡规划法》（2019 年 4 月 23 日，第十三届全国人民代表大会常务委员会第十次会议《关于修订〈中华人民共和国建筑法〉第八部法律的决定》第二次修订）

⑫《中华人民共和国可再生能源法》（2009 年 12 月 26 日，第十一届全国人民代表大会常务委员会第十二次会议《关于修改〈中华人民共和国可再生能源法〉的决定》修订，自 2010 年 4 月 1 日起施行）

6.1.2.2　法规

①《“十三五”节能减排综合性工作方案》

②《固定资产投资项目节能审查办法》

③《关于进一步加强工业节水工作的通知》

④《国家电网公司电力系统电压质量和无功电力管理规定》

⑤《国务院关于进一步加强节油节电工作的通知》（国发〔2008〕23 号）

⑥《民用建筑节能条例》

⑦《民用建筑节能管理规定》

⑧《关于印发固定资产投资项目节能评估和审查指南（2006）的通知》（发改环资〔2007〕21 号）

⑨《国务院关于加强节能工作的决定》（国发〔2006〕28 号）

⑩《关于加强固定资产投资项目节能评估和审查工作的通知》（发改投资〔2006〕2787 号）

⑪《节能中长期专项规划》

6.1.2.3　节能技术、工艺、设备、产品等推荐目录

①《新能源汽车推广应用推荐车型目录（2022 年第 3 批）》

②《国家鼓励发展的重大环保技术装备目录（2020 年版）》

③《国家重点节能低碳技术推广目录（2017 年本，节能部分）》

④《国家重点节能低碳技术推广目录（2016 年本，节能部分）》

⑤《重大技术装备自主创新指导目录（2012 年版）》

⑥《工业和信息化部关于钢铁工业节能减排的指导意见》（工信部节〔2010〕176 号）

⑦《节能机电设备（产品）推荐目录》（第一批～第七批）

⑧《中国节能技术政策大纲》

⑨《国家鼓励发展的资源节约综合利用和环境保护技术》

⑩《中国节水技术政策大纲》

6.1.2.4　国家明令淘汰的用能产品、设备、生产工艺等目录

①《配电变压器能效提升计划（2015—2017 年）》中关于淘汰高耗能变压器的相关内容

②《高耗能落后机电设备（产品）淘汰目录（第四批）》（工信部 2016 年 3 月 14 日）

③《电机能效提升计划（2021—2023 年）》中关于淘汰落后电机的相关内容

④《高耗能落后机电设备（产品）淘汰目录（第三批）》（工信部 2014 年 2 月 18 日）

⑤《高耗能落后机电设备（产品）淘汰目录（第二批）》（公告工信部 2012 年 4 月 6 日）

⑥《国务院关于进一步加强淘汰落后产能工作的通知》（国发〔2010〕7 号）

⑦《部分工业行业淘汰落后生产工艺装备和产品指导目录（2010 年本）》

⑧《高耗能落后机电设备（产品）淘汰目录（第一批）》（工信部 2009 年 12 月 4 日）

6.1.3 砂石行业节能计划

随着全球气候变暖和 2009 年哥本哈根气候大会的召开，以低能耗、低污染为基础和以“节能技术”为核心的低碳经济发展模式已成为全球经济转型发展的焦点。

《2009 年中国可持续发展战略报告》提到，到 2020 年，我国低碳经济的发展目标是单位 GDP 的 CO_2 排放降低约 50%，这个战略目标无疑为我国成功走向低碳经济发展道路起到了极大的推动作用。为缓解资源环境压力，减少 CO_2 等温室气体的排放，以资源高效利用为前提，以节能技术为核心的低碳经济转型已势在必行。

砂石行业通过转型发展、淘汰落后、技术创新提升等措施，到 2019 年年底节能减排达标率达 90%以上，按砂石 200 亿 t 总产能，机制砂石产能 150 亿 t 计算，需要 135 亿 t 以上产能达标。京津冀大气污染传输通道城市（“2+26”城市）、泛长三角、珠三角、汾渭平原等重点管控地区，粉尘排放必须要达到当地标准排放限值要求。

目前，我国已基本完善砂石质量保障体系，产品符合《建设用砂》（GB/T 14684—2011）和《建筑用卵石、碎石》（GB/T 14685—2011）的要求，以机制砂Ⅰ类产品为代表的高品质机制砂石比例不断提高。生产线的新建、改建和扩建，都要符合《砂石行业绿色矿山建设规范》（DZ/T 0316—2018）和《砂石骨料绿色生产与运输评价标准》（T/CBMF 39/T/CAATB 002—2018）的团体标准，达到所在地区环保标准和绿色矿山标准。

新建、改建和扩建机制砂石企业的万吨产品能耗（不含矿山开采和污水处理）不高于 10 t 标煤（以石灰石等软岩为原料）或不高于 13 t 标煤（以花岗岩等中硬岩为原料），水耗不高于 1 400 t，非公路运输物料占比达 30%，到 2025 年培育 20 家以上智能化、绿色化、质量高、管理好的示范企业。

按照目前砂石行业发展的情况判断，到“十三五”时期末，全部砂石生产企业都将达标。为实现上述节能降耗目标和达标目标，中国建材联合会制订分年达标计划见表 6-1。

表 6-1 砂石行业节能减排分年达标计划

年份	企业（或生产线或产能）达标数量/亿 t	企业（或生产线或产能）达标比例/%
2017	150	75
2018	180	86
2019	200	91
2020	230	100

6.2 能源消耗

6.2.1 能源消费种类及计算

根据《综合能耗计算通则》（GB/T 2589—2020），综合能耗计算的能源是指用能单位实际消耗的各种能源，包括一次能源：原煤、原油、天然气、水力、风力、太阳能、生物质能等；二次能源：焦炭、焦炉煤气、汽油、煤油、柴油、液化石油气、热力、电力等；耗能工质：新水、软化水、压缩空气、氧气、氮气等。

砂石矿山能源消费品种为电力、油料（柴油、机械油、润滑油），耗能工质为水。

6.2.1.1 电力

主要为破碎机、制砂机、振动筛、穿孔设备、运输设备等生产设备用电及公辅设施设备用电和建筑照明耗电等。矿山用电核算依据用电设备装机容量和需要系数，结合最大负荷利用小时数计算年耗电量，需要系数和最大负荷利用小时数的选取依据《工业与民用配电设计手册》，计算结果计入适当的同时工作系数。

（1）用电设备组的计算负荷

根据用电设备组的设备容量 P_e，即可算得设备的计算负荷。

有功计算负荷 $P_c=K_xP_e$

无功计算负荷 $Q_c=P_c\text{tg}\varphi$

视在计算负荷 $S_c=\sqrt{P_c^2+Q_c^2}$

式中：K_x——设备组的需要系数；

P_e——设备组设备容量，kW；

φ——用电设备功率因数。

（2）配电干线或变电室的计算负荷

有功计算负荷 $P_{\sum p}=k_{\sum p}\cdot\sum P_c$

无功计算负荷 $Q_{\Sigma p}= k\Sigma Q_1\cdot\Sigma Q_c$

视在计算负荷 $S\sum C=\sqrt{p^2\sum P+Q^2\sum g}$

式中，$k\Sigma p$、$k\Sigma p$——有功功率和无功功率的同时系数，一般取为 0.8～0.9 和 0.93～0.97；

ΣP_c——各用电设备组有功计算负荷之和，kW；

ΣQ_c——各用电设备组无功计算负荷之和，kvar）；

（3）矿山用电量核算（最大负荷情况下）

矿山用电设备负荷指标和需要系数的选取参考《民用建筑电气设计与施工供电电源》（08D800-2）和《综合能耗计算通则》（GB/T 2589—2020）中相关规定和指标进行选取的，并考虑最大负荷用电。

（4）配线路损耗

矿山电源一般由矿区附近城市高压线路引入矿区变配电室，经降压后供给项目用电单元。

变压器损耗计算方法如下：

$$\Delta P=P_o+K_T\beta^2P_k$$

式中，P_o——空载损耗（kW），取 0.81 kW

K_T——负载波动损耗系数，取 1.05

β——平均负载系数，取 80%

P_k——额定负载损耗（kW），6.2 kW

$$\Delta Q=Q_0+K_T\beta^2Q_k$$

$$Q_0\approx I_0\%S_N$$

$$Q_k\approx U_K\%S_N$$

式中，Q_0——空载无功损耗（kvar）

$I_0\%$——变压器空载电流百分比，取 0.81%

S_N——变压器额定容量（kVA），取 800 kVA

K_T——负载波动损耗系数取 1.05

β——平均负载系数，取 80%

Q_K—— 额定负载漏磁功率（kvar）

$U_K\%$——短路电压百分比，取 4.5%

$$\Delta P_z=\Delta P+K_q\Delta Q$$

式中，K_q——无功经济当量（kW/kvar）取 0.1。

变压器年耗电量即可计算出来，按照输电线长短选取系数，一般考虑内输电线路短，年线路损耗电量按变压器损耗的 10%计。

综上所述，项目年耗电总量=用电设备年消耗量+变压器年耗电量（ΔP_z）×10%+变压器损耗量（ΔP），合算结果可折合成标煤。

6.2.1.2　油料

（1）柴油量

矿山用柴油一般主要用于挖掘机、装载机、空压机、潜钻机、凿岩台车、自卸式载重汽车等生产和运输设备的动力用油。

按照矿山实际生产能力计算年消耗项目用柴油量。

（2）机油及润滑油量

矿山用机油及润滑油主要用于挖掘机、装载机、破碎机、制砂机、振动筛、空压机、潜钻机、凿岩台车、自卸式载重汽车等生产和运输设备的润滑用油。

按照矿山实际生产计算年消耗项目用机油及润滑油量。

6.2.1.3　水

主要为生产用水、办公生活用水、绿化洒水、道路地面洒水、除尘用水及消防用水等。

按照矿山实际生产计算年消耗项目用水量。

6.2.1.4　单位能耗

单位能耗，指单位产量或单位产值所消耗的某种能源量。

计算公式如下：

$$e=E/P$$

式中，e——单位产量综合能耗；

E——项目综合能耗；

P——项目年产量。

6.2.1.5　综合能耗

《综合能耗计算通则》（GB/T 2589—2020）针对综合能耗的定义是：规定的耗能体系在一段时间内实际消耗的各种能源实物量，按规定的计算方法和单位，分别折算为一次能源后的总和。

矿山所用各种能源及耗能工质折标准煤系数参照《综合能耗计算通则》（GB/T 2589—2020）。电力当量值折标系数采用 0.122 kgce/kW·h，柴油当量值折标系数采用 1.457 1 kgce/t，机油及润滑油当量值折标系数采用 1.2 kgce/t，水当量值折标系数采用 0.085 7 gce/t。

计算公式如下：

$$E=\sum_{i=1}^{n}(e_i \times p_i)$$

式中，E——综合能耗；

n——消耗的能源品种数；

e_i——消耗的第 i 种能源实物量；

p_i——第 i 种能源的折算系数，按能量的当量值或能源等价值折算。

6.2.2 能源消耗核算体系

砂石矿山生产主要为露天开采，生产工艺相对简单，从矿山开采、砂石生产、产品运输到终端全过程，大多数矿山并没有建立能源消耗考核管理机制。矿山企业中普遍存在能源利用不合理、能源数据反馈不及时、管理不到位、能源浪费等现象，这样严重影响了能耗的分析和平衡，直接导致了评价分析滞后，影响企业效益。

对于砂石行业来说，能耗的管理尤为重要，如何合理规划降低矿山企业的能源消耗，实现节能、节电、节水与经济化运行已成为企业管理人员必须考虑的事情。采用节能产品，利用物联网、信息化和自动化技术管理配电系统，来达到节能、节电、节水的目的，是技术发展的必然趋势之一。

近年来，砂石骨料需求量增大，生产规模变大，能源消耗费用增加，造成能源消耗浪费较为严重，结合我国能源现状及能源利用率存在的差距，需要能源消耗考核系统，实现能源消耗量化考核，以达到节约能源、降低能耗费用的目的。

砂石矿山在建设绿色矿山过程中，首先建立健全“全流程能耗体系”，定期监测项目能耗，建立项目能耗数据库，如能效标准、能耗限额标准、监测标准等，通过监控、回顾、评估和反馈，确保方案在实施过程中不断改进和完善。与其他的能源管理要求相结合，形成规范合理的一体化推进体系，科学强化能源管理，降低能源消耗和提高能源利用效率，促进节能减排目标的实现。

矿山企业设有水电管理部门，矿山开采部门、砂石生产部门、产品运输部门，人力资源部门等。矿山开采部门、砂石生产部门、产品运输部门为水电主要消耗部门，根据各部门的实际情况，制定消耗标准。水电管理部门是水电消耗定额量的分析、统计管理考核的主管部门，针对矿山开采、砂石生产、产品运输水电消耗量进行定额考核并计算出水电消耗考核系数，并将考核系数按部门分时段导出到人力资源部门，为人力资源部门提供矿山开采部门、砂石生产部门、产品运输部门三部门绩效考核系数，实现水电消耗量化考核。

砂石生产部门接到生产任务后，根据技术等级、加工工艺、工艺类型及加工产品，选定加工设备，确定加工场所面积和厂区照明设计标准单位平方米照明功率，计算加工设备加工过程中场地所需照明的电消耗量，为计算总电消耗量做准备。

产品运输部门主要根据任务量大小合理调度车辆进行运输，统计每一辆运输设备所消耗的能源量，并计算能源消耗总量；同时，为减少粉尘污染，运矿道路以及铲装运输作业面应采取人工洒水降尘措施。选用汽车运输工具的企业在汽车出厂时应清洗车胎和车身，确定用水量，为上报给水电管理部门做准备。

矿山开采部门、砂石生产部门、产品运输部门、水电管理部门建立能源消耗量化考核体系，各管理部门提供考核系数必须同步数据，方便员工选择加工设备。水电管理部门及时统计、分析相关部门水电消耗量，完善节约有奖、浪费惩罚的管理考核机制，促进砂石生产企业节约水电资源，降低生产成本，提高经济效益。

6.3 节能降耗

节能降耗一般分为直接节能和间接节能，直接节能是指使用科学的管理方法和先进的技术手段，采取各种节能降耗措施来提高能源利用效率和减少生产中各种能源的消耗量，主要途径有改进能源管理，应用节能降耗技术、工艺、设备等措施；间接节能是指依靠改善与节能相关的管理措施，采用调整和控制手段减少间接消耗的能源量，主要途径有降低主要原材料、辅助材料的消耗量，提高产品质量，合理延长设备和产品的使用寿命等。

6.3.1 节能管理

做好砂石企业的节能管理工作，从而为节能减排打好基础。一方面，节能管理是节能工作最基础的部分，做好此项工作可使节能潜力更有效地释放；另一方面，节能管理本身是容易被忽视的地方，企业节能管理工作甚至直接关系到企业的存亡，必须引起砂石矿山企业的重视。

6.3.1.1 能源管理机构及人员配备

根据《中华人民共和国节约能源法》，砂石矿山企业应成立能源管理组织机构并制定能源管理制度。能源管理应实行三级能源管理体系，并设立项目能源管理办公室。该办公室作为企业能源管理工作的领导机构，也是企业节能管理工作的具体实施机构，全面负责企业日常能源管理的组织、监督、检查和协调工作。

能源管理机构由矿长担任组长，项目主要负责人为组员，负责办理日常事务；有关部门设置能源管理小组，有关技术人员和有经验的工人参加；班组设立能源管理员，负责贯彻落实节能政策、制度，能源消耗统计、核算，组织有关节能节材活动。

6.3.1.2 能源管理机构职责

①贯彻落实国家有关节能工作的法律、法规、政策和节能要求。

②制订项目的节能工作计划。

③组织制订和实施项目节能规划和年度计划，督促检查用能情况，定期进行能耗分析（包括用能效率、节能效益等分析），提出节能优化措施。

④建立健全能源计量、统计制度，严格按照国家法律、法规和标准进行管理，定期上报能源使用情况。

⑤制定能源消耗定额制度，认真进行定额考核管理，并保证奖惩兑现。

⑥推广节能新技术、新工艺，开展节能培训和宣传教育。

⑦协调有关部门的节能工作。

⑧加强避峰运行控制，努力实现电力系统的经济化运行。

⑨安排节能工程项目所需的资金。

⑩监督、检查所属单位、部门节能工作的落实情况。

⑪制定节能激励机制，保证落实到位。

6.3.1.3 能源管理主要工作

①能源管理办公室负责贯彻国家及各级政府在节能方面的法律、法规和各项政策，加强节能工作的领导、协调和监督，以及节能项目的资金落实。

②节能管理主要针对生产过程中电力、油、水等能源流向消耗管理，提高能源的利用率。

③组织节能培训和宣传，动员员工参与节能工作，使之贯穿于各个环节，切实做到节能工作全员参与，长期坚持。

④能源管理办公室负责能源的使用、统计、考核，并协相关部门对全厂设备进行维护、改造和更新，以保证能耗指标的实现。

⑤能源管理办公室负责全厂的计量器具管理、检定和维护维修。

6.3.1.4 能源管理制度

砂石矿山企业应参照《工业企业能源管理导则》（GB/T 15587—2008），制定并实施《能源计量管理制度》《能源统计制度》《能源采购管理办法》《能源定额考核管理办法》《节能技术改造管理办法》《节能宣传和培训制度》《节能奖励、处罚条例》。

6.3.1.5 能源统计管理

能源统计是企业能源管理的一项重要内容，它既是编制企业能源计划的主要依据，又是进行能源利用分析、监督和控制能源消费的基础。只有对各部门能源消费进行统计，建立企业能源消费平衡表，掌握能源的来龙去脉，才能发现问题，找出能源消耗升降的原因，从而提出技术上和管理上的改进措施，不断提高能源管理水平。只有通过能源消费的统计分析，才能制定出先进、合理的能耗定额，确保定额考核的严肃性和科学性，否则极易挫伤职工节约能源的积极性。

统计分析工作的基本任务是“全面、准确、及时地搜集整理和分析全厂生产消耗情况和有关资料，为制定政策、计划、领导决策提供科学依据；研究能源消费构成，反映能源从供应、分配、储存、消费的全过程，对其合理性、科学性作出评价；对企业能源的综合利用及经济、技术效果作出评价；对单位产品、单位工艺能耗状况的使用水平、采用的节能技改措施作出评价；为企业强化能源科学管理，挖掘节能潜力，提高综合管理水平，制定切实可行的节能措施提供资料和依据”。

能源统计分析的基本要求是“统计数据要以计量数据为依据，坚持实事求是，数字准确、真实是统计分析的根本前提；建立健全各种统计原始记录报表及台账，账、物、表数字要一致，计量单位要标准，计算方法要规范；能耗分析要注重时效性、针对性，努力提高分析深度；要建立统计数据的三审制度，即自审、互审、领导审，做到层层把关，确保数据资料的准确性和严肃性；统计分析报告的内容，力求做到有数据、有情况、有分析、有建议；数字要准确，情况要清楚，分析要得当，建议要可行”。

（1）基础数据、生产日报表

①认真填写当班的水、电、油等能源消耗以及工作情况的原始记录。

②部门每月底汇总水、电、油等能源消耗量。

③每月底由生产部门汇总后公布。

（2）生产月报及各种能源数据的审核

①生产月报由生产部门在次月1日报出。

②销售月报由销售公司在次月1日报出，并报送生产部门。

③水、电、油等能源消耗量由统计员在次月1日上报给生产部门。

④财务报表由财务部门在次月1日报出。

（3）生产部门汇总并审核

①公司内部

生产部门于次月1日之前汇总并审核全公司的产量，水、电、油等能源数据及财务经济指标，并根据公司当月消耗、经济指标的完成情况作出相应的综合统计分析，并报送生产主管和总经理。

②公司外部

按上级主管部门要求报送上级各部门。

综上所述，强化能源统计具体途径有根据项目工艺的过程及其特点，按照能源购入贮存、加工转换、输送分配和最终使用 4 个环节，设置各工序及车间主辅生产系统的各种能源消耗分类统计报表，原始记录应定期归档，报表的内容应按工序细化到主要生产、辅助生产、照明及其他，以利于细化工序及产品的能耗考核。

6.3.1.6 能源计量管理

能源计量是企业实现科学管理的基础性工作，没有完善准确的计量器具配备，就不能为生产和生活的各个环节提供可靠的数据。能源计量也是评价一个企业管理水平的一项重要标志。

砂石矿山企业应根据能源计量的器具配备和管理要求，结合企业的实际情况制定相关计量制度，对计量机构、计量器具配备、定期检定、统一管理的计量仪表和主体设备的责任界限、数据结转及计量异议仲裁进行规定。

计量管理部门的主要职责有以下 6 条。

①负责对能源计量数据监督管理及相关管理制度的制定。

②负责对能源计量设备的验收、供应、贮存管理；对在用能源测量设备使用、维护、检修和备件进行监督管理。

③负责进出用能单位、进出主要次级用能单位能源计量设施的设计配备、施工安装、调试验收。

④负责测量记录的设计、审核、编制以及测量设备及计量确认间隔、检定规程和校准方法的编制。

⑤负责进出用能单位、进出主要次级用能单位能源计量的数据采集、汇总、分析和发布。

⑥负责对运行的计量数据网络进行维护。负责进出用能单位、进出主要次级用能单位能源测量设备的检定、校准和运行维护；参与新增进出用能单位、进出主要次级用能单位能源计量设施的配备审查、施工安装及竣工验收。

6.3.1.7 能源定额管理

完善单耗考核管理制度，进一步探索考核定额指标的合理性，细化工序的能耗定额，严格实行“节奖超罚”，挖掘企业在生产管理、过程控制以及细化考核等方面的潜力，达到节能降耗和降低成本的目的。

企业加强经济考核实时监控制度，适时调整指标参数，建立产量、质量、物耗、能耗、成本管理同等权重的目标考核责任制，将能耗纳入各部门经济考核，促使企业员工提高节能意识。

6.3.1.8 能源标准化管理

能源标准化工作的长期实践证明，节能标准化管理的建立是节能工作中不可缺少的一项重要任务。运用标准化这一基础和支撑手段，通过标准化的引导和协调作用，从意识、法规、政策、制度、技术以及组织行为、机制、措施等各方面入手，明确企业的节能工作发展目标，将企业节能工作纳入标准化管理，促进企业节能工作的程序化、定量化和系统化，提高企业节能技术水平，全面促进企业在各个环节节约能源，提高效率，减少损失和浪费，进而推动节约能源工作的深入开展。目前，多数耗能企业的节能工作中还存在一定程度的盲目性，造成这种盲目性的主要原因是企业不能将国家、行业、地方节能目标及政策与企业的节能管理工作有效地结合起来，不能确定一个系统的、符合各级政府节能政策要求的企业节能管理体系，这也是企业节能标准化缺失的结果。

在节能标准化管理方面，应该在企业开展节能标准化教育和培训，同时进一步深入推广和进行节能标准化工作。加强节能标准化制度的建立和推广，加大对员工的培训力度，使企业的节能工作走向标准化、制度化。

6.3.2 节能意识

提高节能降耗意识不只有利于提高企业对自身应承担的社会责任、公益责任和环保责任的了解程度，也有利于强化企业对节能政策和市场规律的认识，使得企业具备主观能动性，积极采取措施；避免政策和市场带来的不利因素，实现企业效益的最大化，在行业内乃至社会上营造国家和民众倡导的“节能我来做，绿色可共享”的良好氛围。

6.3.2.1 企业内部

建立收集员工合理化建议的程序文件，定期收集并对建议进行评估。如果建议切实可行，可对提议人进行奖励。除了物质奖励外，还可以进行精神奖励，如报栏表扬、广播宣传等，也可以作为对其日后考核的依据。

从工作实践的角度出发，员工之间要加强互动，加强节能管理经验交流，分享节能技术成果，解读节能政策形势；同时企业要加强对员工的节能培训，让员工更多地了解节能管理知识，从而促使员工在主观上增强“我会节能，我要节能”的意识。

6.3.2.2 企业外部

积极组织员工参与省内外各级政府或有关学会及企事业单位组织的各种节能管理相关培训，可以在每年 6 月的节能宣传周期间邀请行业专家等参与节能知识宣贯会，与兄弟企业联合举办论坛、座谈会、沙龙等主题活动，或者组织其他有企业特色的节能宣传活动，更好地引导职工主动参与节能低碳行动。

6.3.3 节能技术

节能技术就是指通过改变如设备、工艺、操作等方面能源利用效率低的技术，以达到节能效果。以机制砂石的颗粒整形、级配调整及节能降耗、综合利用等关键技术和工艺为重点，鼓励企业进行技术创新和技术改造。加强装备、工艺与岩石匹配性研究和开发，加大对破碎等关键装备研发投入。提高制造工艺装备的自动化、机械化程度，推广使用变频、智能控制等节能技术，袋式除尘等减排技术，尾矿利用等综合利用技术。整合上下游的创新资源，搭建行业技术创新和交流平台。

6.3.3.1 研发及应用节能技术、产品和工艺

砂石企业加大研发和应用节能技术、产品、工艺的力度，是实现企业持续节能降耗的重要保障，特别是对新产品开发时应用相关的节能技术和产品工艺。

6.3.3.2 改造落后的耗能设备

采用高效节能设备和合理选择设备容量，可以提高设备的负荷率和使用效率，这是节电的一项基本措施，其主要是改造或替代能耗大的电机传动系统。

采用节能型电机、风机的控制由原先的风阀控制改造成变频器控制，以及合理的匹配负载达到节能的目的。

6.3.3.3 改革落后工艺

工艺节能可以理解为采用更高效的流程代替目前的低效流程，从而减少能耗及原材料损失。机加工行业的工艺节能措施主要有调整工序、单件生产转批量加工、合理增加工序适当使用工装。

6.3.3.4 改进操作节能

设备的操作控制方式也是影响能源消耗的一个重要因素。特别是设施设备、照明系统。空调系统及空压机系统运行方式的优化等，以及生产设备的操作优化等；设置每台空压机的加载和卸载优先权，让高效压缩机多工作，提高其整体产气效率。

6.3.3.5 用其他生产要素代替能源

其他生产要素包括资金、材料、劳力等，如用加强房屋建筑的隔热性能和采用双屋玻璃窗等措施，来代替部分能源。

6.3.4 节能措施

6.3.4.1 节水措施

①给排水系统管路及设备，如阀门、水泵、储水设备、水处理设施及计量仪表等，

均应选择节能型产品或按国家有关规范和产品标准的要求设计、制造、安装。

②要根据不同使用要求，做到循环用水、一水多用，根据不同工序、用水水质要求，实行阶梯利用。

③废水回收利用。生产、生活用水产生的污水，通过废水净化装置处理后回收利用，进行厂区绿化等，节约新鲜水。

④加强自来水管网的管理，及时排除管网泄漏现象，经常检查供水设施的完好情况，及时检修有问题的设备。

⑤充分利用矿山内或矿山周边的水资源，减少远距离输送过程中的能源消耗。

6.3.4.2 电气节能措施

①合理确定高压输电线路的长度。相同材质和截面的输电线路，线路的长度减小，其电阻也会减小。

②优先选用铜芯电线或电缆。线缆通过负载电流时，线芯温度不超过电线、电缆所允许的长期工作温度，经济寿命期内的总费用最少。当通过短路电流时，不超过所允许的短路强度、电压损失在允许范围内，以及满足机械强度的要求，合理确定输电线路的截面。

③合理确定线路绝缘水平，以减少电流泄漏，条件允许时优先选用架空线路，且投资相对小。

④变压器的安装位置应靠近负荷中心，且进出线路方便，远离有震动、高温、多尘、有腐蚀性的气体、有爆炸危险的场所，低压供电区域有效半径越小越好。

⑤合理选择变压器的容量，确保其在经济、安全可靠的状态下运行。合理分配每台变压器的负荷区域，力求三相负荷平衡。每台变压器的负荷率控制在额定容量75%～85%较合适。

⑥低压配电室低压侧采取无功功率自动补偿装置进行集中补偿，可使低压侧功率因数提高到0.95。

⑦矿区动力达50 kW以上用电点采用分控制配电系统，设备空转5 min时将自动断电，从而达到节电的目的。

⑧变频调速节电

通过利用变频器智能地根据生产工艺及参数的要求适当地调整空压机、风机、水泵、电动机、矿山设备的运行频率（也就是转数），恰到好处地满足实际用量的需求，以达到节能、高效、延长设备寿命、减少维修的目的。

⑨软启动节能

对于额定功率在15 kW以上的电动机，可选择合适的降压启动控制方式或采用软启动器起动的控制方式，从而减少电动机在启动过程中产生的电能损耗，这样既不会冲击电网，也不会冲击机械。

⑩空压机恒压控制

适应生产工艺的需求，采用调速进行恒压供气，通常选取能够满足生产要求的压力范围的下限进行恒压供气，减少了压力波动时管道里的能量损失，即降低了电动机实际工作负荷，因而节省电能。

⑪照明设计满足工厂的照明质量需求，首选高效、节能的照明产品。在满足照度标准的情况下，依据工厂工艺布置情况和车间各部位对照度的不同要求情况，合理选择照明方式（一般照明、局部照明、混合照明、应急照明等）。

6.3.4.3 变压器节电

变压器应选用新型绿色环保型变压器。供电变压器配置无功补偿系统；合理分配变压器的容量、负荷，做到变压器经济化运行。送电系统动力、照明分开供电，以提高送电质量，延长相关电器及灯具的使用寿命。

6.3.4.4 照明节电

①根据使用场所和周围环境对照明的要求及不同电光源的特点，选择合理的照明方式。作业点照明选用高效节能照明光源；宿舍楼及办公室照明选用荧光灯；走廊、楼梯照明采用声控系统，自动控制照明时间，达到节能的目的。

②各种工作场所的照明标准值应符合《建筑照明设计标准》（GB 50034—2019）的规定。

③使用气体放电光源时，应装设就地补偿电容器，补偿后的功率因数应不低于 0.90。

④企业照明用电应配置相应的测量和计量仪表，并定期测量电压、照度和考核用电量。

⑤合理选择照明控制方式，加强照明设备的运行管理。

⑥要充分利用自然光，建筑物的开窗面积及室内表面反射系数应符合《建筑采光设计标准》（GB 50033—2013）的规定。

6.3.4.5 建筑节能

在厂区的建设中，建材的选用、施工过程中都要认真考虑建筑节能。在建筑物的设计和建设中多采用国家推荐的节能环保的新型建筑墙体材料、控制室内温度，达到国家规定的节能设计标准。在总图布置上，尽量使制砂点与相关砂场临近，按产品生产加工流程合理布局各车间、工序，从而使输送能降到最低。

在矿区内部的布置上，要以提高生产效率，减少消耗为目的，尽量使设备布置与生产流程一致，减少安装施工中线路的浪费。门窗尽量采用塑钢复合材料，墙窗面积比例要合理得当，确保良好的采光通风，利于节能。具体措施有以下 6 项：

①增强建筑维护结构的保温隔热性能，在设计中使用环保、节能型建筑材料，可有

效减少围护结构的散热，从而达到节能效果。在满足通风、采光要求的前提下，尽量减少门窗的面积，并对窗户采取综合遮阳设计，以减弱夏季太阳辐射，同时能在平常获得较多的自然采光。

②节能性建筑设备与产品的选用，包括门窗、室内供热系统控制与计量设备及散热器、照明电器及控制系统等。

③建筑节能应首先保证和改善建筑质量及室内热环境，实现采暖区冬季室温达到18℃的要求，并且争取城镇建筑夏季室温低于30℃的要求。

④因地制宜地推广保温性能好的围护结构，发展节能墙体和屋面，以满足《公共建筑节能设计标准》（GB 50189—2015）对各部位传热系数的要求。使用保温墙体和节能型门窗，提高建筑物保温、隔热和气密性能。大幅减少使用实心黏土砖，积极采用能耗低的空心砖、空心砌块、粉煤灰制品、加气混凝土、轻质板材等。积极开展利用发泡聚苯乙烯、岩棉、玻璃棉、热反射玻璃、稀土复合材料、高效保温保冷材料等，注意合理选材。

⑤外墙采用浅色饰面，屋面采用浅色瓦，可以减少外表面对太阳辐射热量的吸收；室内装修可采用浅色材料，增加二次反射光线，以增强室内光线，并达到一定的均匀度，这样既能节省照明能耗，又能减少为照明等设备散热而增加的空调负荷。

⑥建筑设计中应充分利用昼光进行自然采光，减少电力消耗。应选用节能灯具。

6.3.4.6　节油措施

①防止空转。即使是在空转，液压泵内还是会有油在循环并消耗燃料。

②防止失压。当挖掘的沙土负荷过重时，即使拉动操纵杆，作业机械也无动作，陷入失压状态。

③降低引擎转速。虽然降低引擎转速会影响作业量，但可以大幅降低燃耗，提升燃烧效率。

④减小回旋角度。减小向自卸卡车装载时的回旋角度，可以缩短作业周期，增加单位时间内的作业量，从而提升燃烧效率。

⑤车辆行走时降低引擎转速。引擎转速越快，车辆行走时所消耗的燃料就越多。通过降低运行时的引擎转速可以提升车辆行走时的燃耗效率。

6.3.4.7　节能激励措施

建立和完善激励措施是能源管理体系和节能目标责任制里重要的部分，人是节能管理系统中最活跃、最重要的因素，公司建立相应的激励措施，最大限度地发挥人的能动性，有效地利用人力资源，取得最佳的节能成效。

具体措施是建立公司节能奖惩管理制度，加快建设节能型公司，调动公司员工的节能积极性，大力开展节能增效活动，促进公司通过节能来减本增效，保证公司年度节能工作目标的实现。

（1）设立公司节能奖励基金，通过公司设立节能奖励基金，建立起相关的节能激励措施，对在实际节能工作中有突出贡献的部门、班组或个人给予奖励。

（2）节能奖励的种类

①设置先进集体奖，先进集体奖的首要条件是在节能管理方面工作扎实，在节能技术应用或技改项目等方面有较大贡献，并且有效完成节能责任目标。

②设置先进个人奖，是指节能管理或重点耗能设备管理及操作人员，认真落实节能工作职责，超额完成节能目标，为公司节能工作作出重大贡献的个人。

③设置节能创新奖，是指公司应鼓励员工为企业节能降耗开展小发明、小创造等活动，并将相关的节能技术和发明创造在公司推广应用。

④设置节能合理化建议奖，是指鼓励员工为公司节能降耗提出合理化建议，建议被公司采纳且取得明显的成效后，经专业评审，给予该人员或部门该奖项。

（3）节能奖励的审批制度

节能奖的审批制度是指各项节能奖励在年底由各部门推荐，报企业节能领导小组，通过考核评定，审批通过后给予相关奖励的制度。

（4）节能处罚制度

节能处罚是指对节能管理混乱或未能完成节能目标的部门或班组及个人取消各类表彰评比，并按公司节能目标考核制度，扣除相应的奖金。

6.4 新技术及新能源在砂石行业的应用

6.4.1 势能发电技术

在矿山开采、矿料的选用和加工时，可运用胶带式运输机进行输送。胶带式运输机（俗称皮带机），作为一种连续动作式输送设备，广泛应用于矿山、冶金、电力、化工等行业。胶带式运输机根据运输形式的不同分为上行、水平和下行三种。上行和水平带式运输机的电动机均为传动状态，下行带式运输机的电动机处于发电状态。早在 1974 年，美国就有利用长距离下行胶带机的势能反馈发电的例子。国外已经有多个反馈发电胶带机安全运行的先例，有的已经连续稳定运行了十几年。

砂石矿料在胶带式运输机自上而下的输送过程中，随着传送带上的矿料增多，矿料本身的重力沿传送带的分力逐渐增大，使传送带拉动滚筒加速旋转，这样重力势能就可以通过滚筒驱动发电机回收发电。

6.4.1.1　势能发电回收装置的结构方案

矿料传送带重力势能液压回收发电装置主要包括转速传感器、压力传感器、电感传感器、传送带驱动模块、重力势能发电模块等。其中，传送带驱动模块包括第一传动箱、第二传动箱、制动器、单向离合器、三相异步电动机、第二继电器触点；重力势能发电模块包括液压泵、第一电磁换向阀、第二电磁换向阀、液压蓄能器、单向阀、溢流阀、调速阀、液压马达、三相交流发电机、第一继电器触点，这些模块构成了重力势能发电模块的液压控制回路。

6.4.1.2　势能回收发电装置的电控系统

矿料传送带重力势能液压回收发电装置的电控系统包括电控单元、系统开关、转换传感器、压力传感器、电压传感器、第一电磁换向阀电磁线圈、第二电磁换向阀电磁线圈、第一继电器电磁线圈、第二继电器电磁线圈等。其中，电控单元包括系统开关信号调理电路、转速交变信号调理电路、压力模拟信号调理电路、电压模拟信号调理电路和输出信号调理电路。

6.4.1.3　势能回收发电系统工作过程分析

矿料传送带重力势能液压回收发电系统的工作过程为，当系统开关接通时，电控单元进入运行状态，控制制动器停止制动，同时通过控制第二继电器电磁线圈使第二继电器触点闭合，接通三相异步电动机，使之通过第一传动箱带动驱动滚筒转动；电控单元判断转速是否达到停止势能回收的最低转速，当不超过该转速时，第一电磁换向阀在初始位置作用，油液又流回油箱；当超过该转速时，电控单元控制第二继电器触点闭合，同时控制第一电磁换向阀通电关闭，液压泵的泄流回路关闭，液压蓄能器开始蓄能；当回路压力达到预定值时，电控单元控制第二电磁换向阀通电打开，此时油液经调速阀流入液压马达，使之带动三相交流发电机运转并发电。

该系统克服了速度和载荷变化对发电机转速和输出电压的影响，即通过液压控制单元中的调速阀使供给液压马达的流量保持恒定，并且溢流阀能在系统压力过大时提供过载保护，使液压马达的进口压力保持恒定，从而保证了液压马达和发电机转速的稳定性和系统输出电压的稳定性。

6.4.2　新能源汽车应用

运输业是城市主要污染物的来源之一，而货运汽车的尾气排放量又占据了其总量的

1/2。这迫使很多城市加大对货运汽车进城设限的力度，这在一定程度上影响了企业的正常经营。在政策的大力扶持下，新能源运输车数量增长尤为迅速，已经成为新能源汽车发展的一大亮点。

《砂石行业绿色矿山建设规范》（DZ/T 0316—2018）中，明确指出“推进清洁能源和新能源运输工具在矿山运输中的应用”。

新能源汽车包括纯电动汽车，太阳能汽车、燃料电池电动汽车、氢发动机汽车、燃气汽车以及其他新能源如高效储能器、二甲醚汽车等各类别产品。

6.4.3 长距离带式输送技术高效应用

在工业化生产建设中，带式输送机可用作生产机械设备之间构成连续生产的纽带，以实现生产环节的连续性和自动化，提高生产率和减轻劳动强度。带式输送机由于具有经济、高效、安全、可靠等特点，已逐步推广应用至砂石行业。尤其在大规模物料运输中更能体现出其优势。以龙滩水电站大坝混凝土生产系统的成品砂石料运输系统为例，该系统由两条 1 400 m×368 m的普通胶带输送机和单机长度为 3.95 km的高速带式输送机组成。高速带式输送机具有以下 3 点优势：

6.4.3.1 经济性

通过对高速带式输送机和自卸汽车两种运输方案的成本对比分析，发现每 100 m^3 成品砂石骨料的运输成本分别是 158.09 元和 443.87 元，高速带式输送机的运输成本只相当于汽车运输成本的 35.62%，具有极大的竞争优势。

6.4.3.2 高效率

高速带式输送机运量大、输送距离长、可多点进（卸）料、不损伤被输送物料、工作平稳可靠、噪声小。带速达 4 m/s，运量可达 2 800～3 000 t/h，与汽车转运输送方式相比，其输送效率明显提高。

6.4.3.3 运行安全可靠

采用 CST 驱动可减小胶带机空载或满载启动时带来的瞬时尖峰张力，通过控制启动上升曲线，还能防止瞬间负载冲击带来的不利影响，全自动化的中控操作、全天候的监视系统和可控停车，可有效避免系统突然失电以及满负荷运行对胶带机的动力学破坏，最大程度上保证运行人员的安全。

第 7 章　砂石行业生态环境保护

持续推进砂石行业生态环境保护，是落实“绿水青山就是金山银山”的理念，加强生态文明建设的需要；是实现砂石行业由高速增长向高质量转型发展的需要；是砂石行业落实和贯彻党中央高质量发展战略部署的政治责任，也是砂石产业贯彻落实习近平生态文明思想的重要政治任务。

7.1　砂石行业环境影响现状

砂石既是工程建设中最基本的建筑材料，也是生态系统的重要组成部分，其不合理开发利用将会加剧环境污染、威胁生态安全。

7.1.1　非法采砂问题突出

我国砂石开采历史悠久，砂石矿山资源类型广泛，矿山分布比较散。砂石产品属物理加工产品，其行业准入门槛较低，砂石企业集约化程度不高，规模化水平偏低，“小散乱”现象比较普遍，违法开采、非法盗采、只开采不治理等问题比较多见，严重破坏了生态环境。

党的十八大以来，我国已陆续开展了两轮中央生态环境保护督察，在督察组进驻时，许多群众举报的问题与非法采砂破坏生态问题有关。

7.1.2　生态环境保护意识淡薄

我国有关法律法规明确规定，自然保护区、风景名胜区、饮用水水源保护区等管控区域，禁止采石采砂活动。一些重要江河湖库、重要生态涵养区存在砂石无序开采、盗采滥挖等现象，严重破坏生态环境，甚至影响行洪、通航和堤坝安全。例如，黄河流域的非法采砂活动一度十分猖獗，侵占黄河滩涂，严重破坏河床。

7.1.3　过度开采问题突出

部分地区的过度、无序及不合理开采对生态系统造成了严重破坏。秦岭区域有 270 多处矿山开采点，60%以上存在违法违规问题，生态破坏面积达到 3 500 hm^2 以上，严重损害了秦岭重要生态功能，加剧水土流失。河砂具有维持河道潜流、稳定河道形态、提供生物栖息地、过滤和净化河流等重要功能。不合理的掠夺性开采将造成河水水质恶化、重要生境消失、水生生物减少等生态问题。鄱阳湖连续 10 年高强度采砂，导致湖水水位大幅下降，湖区鱼类资源和鱼类多样性显著下降。鄱阳湖长江江豚自然保护区核心区非法采砂活动侵占江豚重要生境，是导致保护区长江江豚大面积消失的主要原因。

7.1.4　治理污染欠账多

矿山采石采砂“散乱污”、只开采不治理、只开发不修复的环境问题频发。例如，滁州市凤阳县武店镇周边就有各类石英砂加工企业近 300 家，多数出现违规建设现象，长期违法生产，“散乱污”问题突出，不开展生态环境治理，使生态破坏和环境污染问题日益严重。同时，砂石生产和运输过程的环境污染问题同样突出，也是污染防治攻坚战的重要领域和主战场之一。

近年来，虽然行业整治工作取得了一些进展，机制砂石企业数量由 2013 年的 5.6 万家减至 2018 年的 3.1 万家，但“小、散、乱、污”的现象依然突出，年产量超过 1 000 万 t 机制砂石的企业占比不到 20%，约 30%的企业年产量不到 100 万 t，一些企业的开采、破碎、筛分、装卸等生产环节颗粒物无组织排放状况严重。大量砂石主要依靠公路运输，占比达 70%以上，尤其是在京津冀及周边地区、汾渭平原等大气污染防治重点区域，运输方式基本全部采用公路运输，这既增加了运输成本，也带来了巨大的污染排放量。据估算，截至 2020 年 6 月，砂石公路货运周转量占全国公路货运周转量的 20%左右，氮氧化物排放量近 80 万 t，约占全国机动车排放量的 14%。

7.2　砂石行业环境影响评价和排污许可制度

根据《中华人民共和国环境保护法》《中华人民共和国环境影响评价法》《建设项目环境保护管理条例》和《国务院办公厅关于印发控制污染物排放许可制实施方案的通知》，砂石行业各企业应做好建设项目环境影响评价制度与排污许可制度。

环境影响评价制度是建设项目的环境准入门槛，是申请排污许可证的前提和重要依据。排污许可制是企事业单位生产运营期排污的法律依据，是确保环境影响评价提出的污染防治设施和措施落实落地的重要保障。

7.2.1　环境影响评价制度

环境影响评价是指对规划和建设项目实施后可能造成的环境影响进行分析、预测和评估，提出预防或者减轻不良环境影响的对策和措施，进行跟踪监测的方法与制度。

7.2.1.1　意义

环境影响评价的实施，是强化环境管理的有效手段。

环境影响评价可以保证建设项目选址和布局的合理性，能够指导环境保护措施的设计和落实；为建设单位和政府部门决策提供依据。

7.2.1.2　砂石行业环境影响报告书（表）划分

根据《建设项目环境保护管理条例》，对于非金属矿采选业中的土砂石、石材开采加工，所在地涉及环境敏感区的建设项目均应编制环境影响报告书，其他区域编制环境影响报告表。所涉及环境敏感区指自然保护区、风景名胜区、世界文化和自然遗产地、海洋特别保护区、饮用水水源保护区；基本草原、重要水生生物的自然产卵场、索饵场、越冬场和洄游通道、沙化土地封禁保护区、水土流失重点防治区。

7.2.1.3　环境影响评价单位的选取

建设单位可以委托技术单位对建设项目开展环境影响评价，编制建设项目环境影响报告书、报告表；建设单位具备环境影响评价技术能力的，可以自行对其建设项目开展环境影响评价，编制建设项目环境影响报告书、报告表。建设单位应当对建设项目环境影响报告书、报告表的内容和结论负责，接受委托编制建设项目环境影响报告书、报告表的技术单位对其编制的建设项目环境影响报告书、报告表承担相应责任。

7.2.1.4　环境影响评价文件的执行

建设项目的环境影响评价文件未依法经审批部门审查或者审查后未予批准的，建设单位不得开工建设。

建设项目的环境影响评价文件经批准后，建设项目的性质、规模、地点、采用的生产工艺或者防治污染、防止生态破坏的措施发生重大变动的，建设单位应当重新报批环境影响评价文件。建设项目的环境影响评价文件自批准之日起超过 5 年，方决定该项目开工建设的，其环境影响评价文件应当报原审批部门重新审核；原审批部门应当自收到建设项目环境影响评价文件之日起 10 日内，将审核意见书面通知建设单位。

7.2.2 排污许可制度

控制污染物排放许可制是依法规范企事业单位排污行为的基础性环境管理制度，生态环境部门通过对企事业单位发放排污许可证并依证监管实施排污许可制。

7.2.2.1 环境影响评价与排污许可衔接

新建项目必须在发生实际排污行为之前申领排污许可证，环境影响评价文件及批复中与污染物排放相关的主要内容应当纳入排污许可证，其排污许可证执行情况应作为环境影响后评价的重要依据。

在环境影响评价管理中，应不断完善管理内容，推动环境影响评价更加科学，严格污染物排放要求；在排污许可管理中，要严格按照环境影响报告书（表）以及审批文件要求核发排污许可证，维护环境影响评价的有效性。

7.2.2.2 排污许可证核发

排污许可证核发由县级以上地方政府生态环境部门负责，地方性法规另有规定的从其规定。企事业单位应按相关法规标准和技术规定提交申请材料，申报污染物的排放种类、排放浓度等，测算并申报污染物排放量。生态环境部门对符合要求的企事业单位应及时核发排污许可证，对存在疑问的开展现场核查。首次发放的排污许可证有效期 3 年，延续换发的排污许可证有效期 5 年。上级生态环境部门要加强监督抽查，有权依法撤销下级生态环境部门作出的核发排污许可证的决定。生态环境部统一制定排污许可证申领核发程序、排污许可证样式、信息编码和平台接口标准、相关数据格式要求等。

7.2.2.3 严格落实按证排污

纳入排污许可管理的所有企事业单位必须按期持证排污、按证排污，不得无证排污。企事业单位应及时申领排污许可证，对申请材料的真实性、准确性和完整性承担法律责任，承诺按照排污许可证的规定排污并严格执行；落实污染物排放控制措施和其他各项环境管理要求，确保污染物排放种类、浓度和排放量等达到许可要求；明确单位负责人和相关人员的环境保护责任，不断提高污染治理和环境管理水平，自觉接受监督检查。

7.2.2.4 做好信息公开

在全国排污许可证管理信息平台上及时公开企事业单位自行监测数据和生态环境部门监管执法信息，公布不按证排污的企事业单位名单，纳入企业环境行为信用评价，并通过企业信用信息公示系统进行公示。与环保举报平台共享污染源信息，鼓励公众举报无证和不按证排污行为。依法推进环境公益诉讼，加强社会监督。

7.3　砂石行业生态环境保护理念

2020 年 3 月 25 日，经国务院批准，国家发展改革委员会、工业和信息化部等有关部门联合印发《关于促进砂石行业健康有序发展的指导意见》。作为加强砂石行业生态环境保护的重要导向，坚决做到“开前门、堵后门”。砂石行业健康有序发展不是粗放无序发展，而是要统筹做好资源利用和生态环境保护，实现经济效益、环境效益和社会效益“多赢”。

砂石行业高质量发展的关键制约在于供给侧结构性改革相对滞后，优质供给不足与劣质供给过剩并存，既不能有效响应市场需求，也持续造成较大的生态环境压力。

7.3.1　严格落实监管要求

对于法律法规有明确要求的自然保护区、饮用水水源保护区等管控区域，生态环境部门应严格监管，禁止采砂采石活动；对乱采滥挖、只开采不治理、违法排污等破坏生态、污染环境的违法开采行为，将坚决依法查处，严格督促整改。

7.3.2　鼓励企业技术创新和技术改造

加大对收尘措施的投入，加强矿山爆破开采中的无组织排放防治，推广采用湿法穿孔凿岩工艺，在矿山现场、破碎机进（出）料口、料仓进（出）料口、厂区道路等位置安装空气雾炮、喷淋装置等，进行降尘抑尘。生产线的新建和改（扩）建，都要配置环保设施。干旱地区的生产企业，其破碎、筛分、机制砂、皮带输送等工艺进行全封闭，减少粉尘颗粒的外排。矿山开采企业应将“绿色、环保、信息化、智能化”确定为创新、提升、攻关的主要目标。通过技术装备的创新提升，推动产业技术进步，加快砂石产业转型升级。

7.3.3　加大淘汰力度

宣传贯彻《砂石行业绿色矿山建设规范》，在行业内推进干法生产的收尘技术和湿法生产的废水循环利用技术，加强无组织排放防治，环境保护不达标的企业全部关停。

7.3.4　鼓励延长产业链

鼓励企业在建设绿色砂石工厂的基础上发展服务业，延长砂石产业链，将砂石产业与生态文明建设有机结合。政府部门可以推广以矿石开采为源头的生态工业园区模式，以砂石骨料生产为主，增产混凝土、砂浆、建筑构件、环保砖等建材，再形成建材工业园区。

7.3.5 做到物尽其用

各级政府部门可开展对建筑垃圾、尾矿和废石资源情况的摸底调查，推进建筑垃圾、尾矿和废石资源的综合利用，既降低机制砂石对矿山资源的消耗，又减少填埋占地、生态破坏和环境污染等问题。

鼓励和支持综合利用废石、矿渣和尾矿等砂石资源，实现“变废为宝”。鼓励利用建筑拆除垃圾等固体废物资源生产砂石替代材料，增加再生砂石的供给。

7.3.6 探索多种发展模式

砂石行业可推广 3 种发展模式，通过绿色工厂建设，控制粉尘颗粒物的排放；通过建设产业园区，减少砂石运输量，减轻汽车运输砂石的尾气排放带来的大气污染；在业内推广“公转铁”运输方式，减少汽车尾气排放量。

7.3.7 依法严厉打击非法采砂

对无证采砂、不按许可要求采砂等非法采砂行为，保持高压态势，加大打击力度。严防河道非法采砂事件的反弹，依法严厉查处违法开采、违规生产、非法盗采、污染破坏生态环境、造假掺假等行为，依法查处“三无”采砂船及经非法改装、伪装后隐藏采砂设备的船舶，有效解决“劣币驱逐良币”的问题。

7.3.8 寻求替代资源

统筹开展河砂开采和河道治理工作，促进疏浚砂的利用，增加资源供应。探索开展水库淤积砂综合利用试点，建立水库淤积砂综合利用机制。

7.4 砂石行业污染防治措施

7.4.1 砂石矿山开采中的污染防治措施

砂石矿山的开采过程环境影响范围广、生态破坏较严重，要做好矿山开采过程中的生态环境保护工作。砂石矿山开采的主要工艺包括表土剥离、钻孔、爆破、铲装、运输等，针对这一系列活动产生的环境影响，《砂石行业绿色矿山建设规范》（DZ/T0316—2018）中提出了明确的治理目标和监管要求，同时，国家及相关的地方生态环境保护标准对于矿山企业污染物的排放也有明确规定。因此，矿山企业应在开采过程中严格遵守各项生态环境保护法律法规的要求，落实各项环境保护措施，做到达标排放，以达到绿色矿山建设的要求。

7.4.1.1　矿山开采过程中的废气防治

在矿山开采过程中的主要大气污染物产生环节为表土剥离过程、穿孔爆破作业、挖掘铲装过程，产生的大气污染物以粉尘为主。砂石矿山扬尘源主要为土壤扬尘，道路扬尘、堆场扬尘。其中，土壤扬尘产生量与土质、风速、降水量、蒸发量、温度等因素有关；道路扬尘产生量与车流量、车重、道路类型、铺装形式、积尘量、含水率等因素有关；堆场扬尘与堆存物料类型及含水率有关。同时，作业设备运行使用汽油、柴油等燃料，有设备尾气的产生及排放。

（1）表土剥离过程中的污染防治

1）扬尘污染防治

砂石矿山地表清理及表土剥离造成的扬尘污染，其防治方式较为简单，主要为采用洒水降尘措施以减少粉尘的扩散，设备主要采用洒水车、喷雾除尘器等。

2）非道路移动机械的污染防治

在矿山开采过程中地表清理及表土剥离的主要施工机械属于非道路移动机械，并且主要采用汽柴油等燃料，产生大气污染物主要有一氧化碳（CO）、碳氢化合物、氮氧化物（NO_x）和颗粒物。近年来，我国不断推进压燃式及点燃式非道路移动机械的大气污染物治理。国家鼓励非道路移动机械产品向低能耗、低污染方向发展，目标到 2025 年，非道路移动机械产品的大气污染物排放控制与世界最先进水平接轨。针对其大气污染物排放的控治，主要从非道路移动机械生产企业着手，鼓励淘汰高排放非道路移动机械。鼓励非道路移动机械生产企业通过机内净化技术降低原机排放水平，装用压燃式发动机的非道路移动机械安装壁流式颗粒物捕集器（DPF）、选择性催化还原装置（SCR）；装用大型点燃式发动机的非道路移动机械安装三元催化转化器（TWC）等排放控制装置；装用小型点燃式发动机的非道路移动机械安装氧化型催化转化器（OC），提前达到国家下一阶段的非道路移动机械排放标准。

（2）钻孔作业污染防治

目前，砂石矿山开采常用的钻机有牙轮钻机及潜孔钻机，下面分别介绍其污染防治措施。

1）牙轮钻机的污染防治

牙轮钻机在穿孔过程中产生大量的岩粉，只有将这些岩粉及时从孔底排出并收集，才能使钻机有效的工作，目前牙轮钻机的除尘方式有干式、湿式和混合式除尘三种。

①牙轮钻机干式除尘系统

牙轮钻机干式除尘系统与一般工业粉尘除尘系统类似，常用的干式除尘装置由捕尘罩、百叶栅除尘器、旋风除尘器和脉冲袋式除尘器等组成。钻孔时，孔内岩屑粉尘由压气排出孔口，绝大部分沉降于补尘罩内，其余随气流沿导尘管进入百叶栅除尘器。栅板使含尘气流方向突然改变，因惯性力作用使粉尘分离，粒径大的沉降，粒径小的进入旋风除尘器，由于离心力作用，细粒粉尘再次被捕集。经旋风除尘器排出的微细粉尘进入脉冲袋式除尘器的滤尘箱内，被阻留于滤袋外壁，净化后的空气穿过滤袋及文式管汇合到箱体上部，由风机排入大气。对滤袋上积附的粉尘定期进行喷吹清灰，使滤袋保持一定的阻力。

牙轮钻机干式除尘装置适用于北方寒冷和干旱地区，具有不影响牙轮钻机的穿孔速度和钻头寿命等优点。针对牙轮钻机粉尘分散性高等特点，多级干式除尘装置的逐级降尘可均衡各级除尘器的捕尘负荷，有利于提高各级除尘器的使用寿命。百叶栅除尘器与旋风除尘器串联使用，有效避免了水雾及液滴进入袋式除尘器，增加了系统可靠性。喷吹阀前端安装油水分离器并定期放水，寒冷地区冬季应对喷吹阀及油水分离器进行保温，防止结冰造成喷吹阀堵塞。灰斗采用自动排泄阀门并进行遮盖，能够有效减少放灰时的粉尘外泄。

②牙轮钻机湿式除尘系统

牙轮钻机湿式除尘系统通过混合器将压气与水混合，用水泵将水箱中的水打上水管，由风包供给压气将水分散为极细水雾，风水混合后经风水接头和钻杆进入孔底，孔口风机气流将排出的泥浆吹向孔口一侧，并沉积于该处，干燥后呈胶结状，不会出现二次飞扬。

在湿式除尘过程中一定要控制好水量，用水量的大小不但影响除尘效果，而且影响钻进速度。用水量过小时除尘不充分，过大则孔底岩粉会变成岩浆，一旦孔底出现岩浆，就会严重阻碍排粉，并会黏满孔壁，甚至可以把钻头喷嘴堵死。一般来说，用水量应控制在润湿岩粉为限，即从孔口排出的岩粉既不太湿也不飞扬。冬季停钻时间较长时，应引入压气将水管吹净，同时设置加热器，以防冻结。

③牙轮钻机混合式除尘系统

混合式除尘是干式和湿式两套除尘设备串联使用的除尘方法，除尘效果虽较好，但设备较多、造价高。

2）潜孔钻机的污染防治

潜孔钻机一般采用旋风除尘及脉冲除尘二级除尘装置，除尘系统主要包括捕尘罩、吸尘胶管、旋风除尘器、布袋除尘器和离心式通风机等。潜孔钻机工作时捕尘罩紧罩孔口，孔底岩粉被排尘风吹至孔口，再在除尘风机抽吸作用下，由捕尘罩进入风管，经旋风除尘器进行一级粗除尘，再由脉冲除尘器进行二次精细除尘。

（3）砂石矿山爆破作业中的污染防治

在砂石矿山开采过程中，爆破是非常重要的一环，常用的爆破方法按爆破延期时间分类有齐发爆破、秒差爆破、微差爆破；按爆破方式分类有浅孔爆破、中深孔爆破、硐室爆破、多排孔微差爆破、多排孔微差挤压爆破、药壶爆破、外敷爆破、逐孔起爆等。

爆破粉尘一般来源于 3 个方面：①爆破作业区域表层天然附着的粉尘；②爆破钻孔、预处理时产生的大量粉尘；③因爆破岩体挤压破碎形成的粉尘。这些粉尘具有浓度高、扩散速度快、分布范围广、滞留时间长、吸湿性良好等特点。

露天矿山中的台阶爆破是非金属矿山粉尘污染的主要来源，减少爆破粉尘成为当今矿山生产环境保护面临的重要问题，同时矿山爆破的过程中也会产生二氧化硫、氮氧化物等污染物。由于砂石矿山露天开采爆破面积大的特性，基本不可能通过收集的方式对爆破产生的大气污染物进行处理，因此为减少爆破污染物排放，需要从源头采取措施减少大气污染物产生。

1）水袋封堵爆破降尘

利用水袋爆炸产生的水雾进行降尘，其原理是利用炸药爆炸反应产生的高温、高压和高速气流在介质中激发冲击波，对水袋产生冲击力，水袋破碎抛撒形成具有一定压力、粒径、速度和浓度的水雾。在一定范围的水雾和小液滴弥散在岩石的裂隙中，遍布整个爆区的表面及自由面，与粉尘碰撞黏合，达到液态雾滴与固态粉尘凝结成较大颗粒后加速其沉降的目的。水袋在露天矿山的台阶爆破中会显著降低爆破粉尘浓度，且双水袋比单水袋的降尘效果更加明显。

2）空气间隔爆破

空气间隔爆破即减少爆破炸药用量，是减少矿山爆破过程中二氧化硫、氮氧化物等污染物产生的有效方法。空气间隔爆破具有以下几个优点：一是大幅降低孔壁的压力；二是有效降低炸药单耗；三是提高能量的利用率，降低成本。应力波可以在空气柱中相互叠加，不仅增加了自身的作用时间，而且加强了对岩石的冲击力，从而获得理想的爆破效果。

通过不断的生产实践，利用空气间隔进行二次装药的工艺改进方法具有以下几个优点：一是露天爆破作业如采用间隔器装药可以有效避免炸药受到雨、水的影响；二是可以降低孔内爆炸压力，减少冲击粉碎，有效扩大破裂的范围，提高炸药的利用率，降低成本。此外，可以使爆炸压力分布更加均匀，为其他的后续工作创造了有利条件，还可以降低单孔装药量，有效减少爆后震动效应，进而提高爆破效果。

（4）挖掘铲装作业中的污染防治

挖掘铲装作业主要为采用挖掘机及铲车等工程机械将爆破后的非金属矿石装车的过程，该过程与地表清理过程采用的施工机械相近，因此产生的污染物基本相同，主要为扬尘及非道路移动机械的尾气污染。其大气污染物防治方式也与前文所述相同，因此不再赘述。

（5）道路扬尘的污染防治

汽车运输矿岩时，路面行车扬尘是露天矿区最大的粉尘污染源，扬尘量占总产尘量的60%～85%。同时，汽车运输路面沉积的粉尘受到汽车经过所产生的压挤、振动和气流的影响，无规则地运动，进而产生了二次扬尘。道路扬尘的防治分为传统防治和化学防治。

传统防治主要为按要求配备足够的洒水车辆，增加洒水次数，全天对矿内运输道路进行洒水降尘，同时对道路及工作面积尘，及时用装载机进行处理，基本做到工作面、运输道路不扬尘，粉尘浓度符合要求。传统防治措施方法简单、方便，且单次费用低，广泛应用于砂石矿山。但在夏季或干旱炎热地区，需要频繁地使用洒水车洒水才能保持路面湿润，而水的抗蒸发性差，喷洒一次只能保持 30 min 左右。如果洒水不及时、洒水量不够，路面会处于干湿交替状态，路面粉尘含量将增多，路况恶化，不仅达不到抑尘效果，还浪费了大量水资源。

单纯洒水降尘的总体效果不理想，并非高效节约的除尘方法，而采用化学抑尘剂控制粉尘的方法切实可行，实践证实其总体效果更佳。化学抑尘剂一般分为润湿型、吸湿型、黏结型、吸水型和复合型 5 种，并且单一抑尘剂的使用效果不理想，复合型抑尘剂的抑尘效率更高，抑尘效果优越，适用范围广，具有广阔的应用前景。

同时建议企业在矿区进出口分别设置汽车轮胎清洗池，对运行车辆苫盖，可有效降低汽车运输扬尘的产生。

7.4.1.2 矿山开采中的废水防治

在砂石矿山开采过程中产生的废水主要为矿坑涌水、堆场淋溶水、车辆及设备冲洗废水、生活污水。其中，矿坑涌水及堆场淋溶水主要污染物为悬浮物；车辆及设备冲洗废水污染物以悬浮物为主，还含有少量石油类污染物；生活污水污染物主要为 COD、BOD 和氨氮。砂石矿山开采过程中废水产生量较少，而在开采过程中抑尘用水量较大，因此大部分废水处理后用于抑尘。

（1）矿山废水处理方法

1）预处理

预处理的主要作用是分离废水中的悬浮物，常采用重力分离法和过滤分离法。重力分离法是使废水中的悬浮物在重力作用下与水分离的方法；过滤分离法是废水通过带孔的过滤介质，使悬浮物被阻留在过滤介质上的方法。

2）处理方法

①中和法

中和法主要分为酸碱水中和法与投药中和法。酸碱水中和法是指向酸性废水中投加碱性药剂（如电石渣等），在实际的生产中应用最为普遍；投药中和法有效、简单、比较经济，但易产生大量的硫酸钙，造成二次污染。

②人工湿地法

人工湿地法是根据天然湿地净化污水的机理，让酸性水缓慢流经人工种植的植物群落，利用特定植物过滤达到降低金属离子浓度的目的。同时，湿地也可为微生物群落的附着生长提供界面。湿地法具有低成本、易于管理、对有机物的去除力强、环境可持续的优点，但其占地面积大，对硫化氢的处理不彻底，易造成大气污染。

③微生物法

微生物法的原理是利用氧化亚铁硫杆菌在酸性条件下将水中的 Fe^{2+}氧化成 Fe^{3+}，以除去矿井水的铁等金属离子，并通过硫循环进一步去除酸性废水。微生物法是目前国内外最有潜力的矿山废水处理方法之一，具有费用低、适用性强、无二次污染、能吸收或吸附重金属、可回收短缺原料单质硫等优点。但缺点是微生物法的使用条件是有一定的限制，并且处理时间跨度较长。

④沉淀法

对于悬浮物含量高的酸性矿山废水，可先进行预处理；然后，废水中的重金属离子（如铜、锌等）、碱土金属（如钙）及某些非金属（如氟等）均可通过化学沉淀法除去。化学沉淀法是向废水中投加某些化学药剂使之与废水中污染物发生直接的化学反应，形成难溶的固体而被除去。

（2）矿山废水处理的新方法

1）杀菌剂催化处理法

酸性废水的产生往往与硫化矿暴露于水和空气中有关，杀菌剂催化就是利用杀菌剂控制酸性矿山废水的产生。例如，氧化铁硫杆菌对硫化物的氧化有促进作用，对这些细菌进行有效的控制可以使部分酸性废水中含酸量降低 98%以上。杀菌剂催化处理法廉价且高效，但杀菌剂的使用对周围环境有一定的影响。

2）电化学处理法

电化学处理法主要是采用铁、铝阳极电解时，在外电流的作用下产生不溶于水的

$Fe(OH)_3$、$Fe(OH)_2$或$Al(OH)_3$，这些微粒吸附和凝聚水中的胶体粒子，从而净化水体。

3）常温铁氧体处理法

常温铁氧体处理法就是利用铁氧体法沉淀废水中的重金属离子，在一定的pH范围内将矿山废水加热至60℃而析出铁氧体。此法的主要优点在于生成的铁氧体稳定性好，沉淀物易于回收，并且能除掉废水中大多数二价金属离子。

4）矿山涌水沉淀池法

矿坑涌水污染物主要为悬浮物，其处理方法以沉淀为主，下面介绍两种简单的沉淀池。

①平流式沉淀池

平流式沉淀池是沉淀池的一种，其池体平面为矩形，进水口和出水口分设在池长边的两端，池的长宽比不小于4，由进水口、出水口、水流部分和污泥斗四部分组成。进水口一般采用淹没进水孔，水由进水渠通过均匀分布的进水孔流入池体，进水孔后设有挡板，使水流均匀地分布在整个池宽的横断面；出水口多采用溢流堰，堰前设浮渣槽和挡板以截留水面浮渣，保证沉淀后的澄清水可沿池宽均匀地流入出水渠；水流部分是池的主体，池宽和池深要保证水流沿池的过水断面布水均匀，依设计流速缓慢而稳定地流过。污泥斗用来积聚沉淀下来的污泥，多设在池前部的池底以下，斗底有排泥管，定期排泥。平流式沉淀池沉淀效果好，应用较为广泛。

②斜板沉淀池

斜板沉淀池的每两块平行斜板间有一个很浅的沉淀池，可使被处理的废水与沉降的污泥在沉淀浅层中相互运动并分离。根据其相互运动的力的方向可分为同向流、异向流和侧向流 3 种分离方式。斜板沉淀池运用浅层沉淀的原理，缩短颗粒沉降距离，从而缩短了沉淀时间，并且增加了沉淀池的沉淀面积，提高了处理效率。理想沉淀池在同样的处理效率条件下，沉淀池深度越浅，就越能缩短沉淀时间；在同样的处理水量条件下，沉淀面积越大，沉淀池的效率越高。而在沉淀池内增设一组斜板（斜管）既增大了沉淀面积，也缩短了沉淀时间，与此同时，板间（管间）的水流也由紊流变为层流，同样提高了沉淀效率。

若矿坑涌水水质较差，悬浮物含量较高，可采用多级平流沉淀加过滤系统。过滤是利用过滤材料分离废水中悬浮物的一种技术，根据过滤材料的不同可分为颗粒材料过滤和多孔材料过滤两大类。

5）车辆及设备冲洗废水防治

车辆及设备冲洗废水成分较简单，污染物主要为悬浮物。开采现场工程车辆的清洗一般采用人工清洗法，由于工程车辆的进出时间不定，存在工人等候时间较长，人力成本较高；或者冲洗人员难以到位，工作效果不佳等问题。为此，使用方便、省工省力，能够识别车辆位置和控制水泵工作的自动化系统逐渐得到应用。

现场车辆自动清洗系统由红外线感应器、水泵、冲洗管、集水沟、沉淀池、清水池、自来水补给管等部分组成。冲洗管分别设置在车辆底部的地面和车辆的两侧，水泵由红外线感应器捕捉到的车辆位置信息控制运行。当车辆进入预定位置，前后两台感应器发现车辆进入清洗区域，冲洗系统自动启动，喷水冲洗；车辆缓慢前行，冲洗完成，当车尾脱离后部感应器的感应范围时，水泵自动停止工作。冲洗用水经集水沟、沉淀池、清水池收集处理后可循环使用。

加强水的循环使用，做到少排放或零排放，是控制矿山废水污染的根本措施。矿山废水污染的防治，必须与矿山技术改造结合起来，从节约能源、资源的角度出发，采用新工艺、新技术、新药剂、新设备，全面提高综合利用水平，努力提高矿山的经济效益和环境效益。

7.4.1.3 矿山开采过程中的噪声防治

在砂石矿开采过程中的噪声主要来源于各种作业机械的施工噪声。控制及降低矿山噪声污染可有效保护矿区周边环境及保障工作人员作业环境。

（1）作业机械噪声防治

砂石矿山开采的表土剥离、钻孔作业、挖掘铲装阶段施工机械主要为推土机、挖掘机、装载机、钻机、载重汽车、空气压缩机。

1）机械噪声污染产生原因

①作业机械老化、未及时维护会使其产生的噪声增大，主要包括如下几种情况：

a. 部分机械在使用年限过长后，出现磨损、老化。

b. 部分已不适应现代化建设需要的设备，由于受人为因素和经济条件的制约，施工单位不愿更新或淘汰。

c. 为缩短工期，减少施工成本，施工单位缺乏对机械设备的养护或不及时对机械设备进行维修，而是让其不间歇的作业，尤其是部分“带病”作业的机械设备，成为施工期间噪声污染的主要来源。

②不合理的施工安排

除正常施工时间外，在午休及夜间（22：00—6：00）也安排施工及运输，这会严重影响周围居民的正常生活。

③施工场地布局不合理

砂石矿山在开采过程中，地面施工主要为露天进行，由于场地宽敞，且未采取相应的消声、吸声、隔声、减振等措施，因此施工噪声衰减性低，直接扩散至四周的居民区、办公场所等环境敏感处，产生噪声影响。

2）机械噪声防治对策

①声源控制

从声源方面着手控制噪声，主要有两个途径：一是改进结构，提高各个部件的加工精度和装配质量，采用合理的操作方法，降低声源的噪声发射功率；二是利用声波的吸收、反射、干涉等特性，采用吸声、隔声、减振、隔振等技术，以及安装消声器等措施，控制噪声的辐射。

a. 吸声

吸声是利用吸声材料（如玻璃棉、矿渣面、毛毡、泡沫塑料、吸声砖、木丝板、甘蔗板等）和吸声结构（如穿孔共振吸声结构、微穿孔板吸声结构、薄板共振吸声结构等）吸收通过的声音。

b. 隔声

隔声是把发声的物体和场所用隔声材料（如钢筋混凝土、钢板、厚木板等）封闭起来与周围隔绝。常用的隔声结构有隔声间、隔声机罩、隔声屏等。

c. 隔振

隔振就是防止振动能量从振源传递出去。隔振装置主要包括金属弹簧、隔振器、隔振垫（如剪切橡皮、气垫）等。常用的材料还有软木、矿渣棉、玻璃纤维等。

d. 阻尼

阻尼就是用内摩擦损耗大的一些材料来消耗金属板的振动能量并变成热能散失掉，从而抑制金属板的弯曲振动，使噪声大幅度地削减。常用的阻尼材料有沥青、软橡胶和其他高分子涂料等。

e. 消声器

消声器是指对具有噪声传播的气流管道，可以用附有吸声衬里的管道及弯头或利用截面积，突然改变及其他声阻抗不连续的管道等降噪器件，使管道内噪声得到衰减或反射回去。消声器的种类很多，根据消声机理可以分为 6 种主要的类型，即阻性消声器、抗性消声器、阻抗复合式消声器、微穿孔板消声器、小孔消声器和有源消声器。

矿山企业应合理布置施工营地及使用施工机械。加强对施工机械的维修，尽量选用低噪声的设备和先进工艺；高噪声施工设备应采取相应的降噪措施，国家明令淘汰的产生噪声污染的机械设备或施工工艺应严禁使用。积极更新作业技术，采用先进设备与材料，降低施工噪声。

②噪声传播途径的控制

传播途径的控制主要措施有对于采矿现场，空压机（移动式）在作业时将其拖至有天然屏障（土坡、山丘）的地方，或者利用其他隔声材料和隔声结构来阻挡噪声的传播；潜孔钻保持湿式作业，同时装上消声器；为了减少凿岩机工作时产生的噪声，因其主要是处理爆破产生的大块岩石，从提高爆破效果着手，通过对爆破参数进行优化，降低爆破产生的大块岩石数量。

③个人防护

个人防护措施主要有减少在噪声环境中的暴露时间，在采矿现场工作的人佩戴护耳器（耳塞、耳罩等），以及实行轮流工作制等。劳保型防噪耳塞一般是由硅胶或是低压泡沫材质、高弹性聚酯材料制成的，插入耳道后与外耳道紧密接触，以隔绝声音进入中耳和内耳（耳鼓），达到隔音的目的，从而保护工人的听力。

④管理措施

矿山开采过程中应合理安排施工时间，尽量减少在夜间（22：00—6：00）作业及运输。加强环境保护教育，提高员工环保意识；加强施工过程的环境管理，要求工作人员文明施工；尽量减少人为的大声喧哗，增强全体人员预防噪声的意识。

（2）爆破噪声防治

非金属砂石矿山爆破噪声一般指炸药爆炸的爆破声，频繁发生的突发高噪声对人体听觉的影响不容忽视，露天矿山周边居民也时有相关投诉。非金属砂石矿绿色矿山在建设过程中的爆破噪声防治应引起矿山企业的重视。

1）爆破噪声产生原因

爆破噪声的大小与爆区规模、单段药量、抛掷方向、装药结构、地表网路、填塞高度等密切相关。

①爆破单段药量过大

部分矿山在开采中片面地追求经济效益，未对矿区爆破的危害进行分区评定、划分，一味地使用大孔径的牙轮钻进行穿孔爆破，单孔药量过大，故形成的爆破噪声较大。

②装药结构不合理

在爆破设计过程中，爆破技术人员由于更多地考虑爆破施工方便，往往采用集中装药的方式；局部虽然采用了分段装药的方式，但药量的分配比例不均衡，炮孔内段装药长度大于最小抵抗线，增加了爆破噪声的传播距离。

③爆破器材选取不合理

矿山开采中为降低爆破成本，在爆破施工时使用延时精度不高的雷管，造成爆破波形衰减速度慢，波形压缩和叠加较大，振幅较大，爆破波形的高振幅区较长，容易形成较大的爆破噪声。

④地表路经存在缺陷

如果爆破的地表路径设计不当，炮孔间的延时时间过长，出现无负载炮孔，爆破能量叠加，会形成较大的爆破噪声。

2）爆破噪声防治对策

爆破噪声的主要防治措施分为 3 种，分别为声源处削减、传播过程中削减和噪声受体处防护。

①从声源上加以控制

a. 调整爆破时间

矿山可采取禁止午休和夜间时间爆破的措施来控制爆破噪声对特定时段声环境的影响。

b. 控制装药量

装药量的多少是爆破噪声大小的决定性因素，因此控制装药量是防治爆破噪声影响最直接的措施。

②从传播途径上加以控制

a. 设置遮蔽物或充分利用地形地貌

在靠近村民居住地的方向组织爆破时，采用小孔径钻机钻孔，控制爆区规模，爆破的抛掷方向选择背对村民居住地方向，利用已形成的高边坡做阻音墙，降低爆破噪声。在爆源与测点之间设置遮蔽物（如防护排架等），可阻碍和扰乱声波的正常传播，并改变传播的方向，可较大程度地降低声波直达点的噪声级。

b. 通过绿化降低噪声

当噪声频率较高，树叶的周长接近或大于声波的波长时，绿化带有明显的降噪效果。一般 100 m 宽的林带，噪声衰减量为 10 dB；100 m 宽的草皮，噪声衰减量为 3 dB。

c. 在噪声接受点进行防护

控制爆破噪声的最后一环是在接受点进行防护。由于噪声对人体产生危害的主要途径是耳朵，可以对工作人员发放预模式耳塞来阻挡噪声的传入。

7.4.1.4 矿山开采过程中的固体废物防治

砂石矿山开采主要为露天作业，产生的固体废物主要为剥离地表土层及钻孔作业产生的废渣，以及对设备维护产生的部分危险废物。

（1）矿山开采过程中剥离表土层及钻孔废渣的防治

不同于金属矿山及煤矿的开采，砂石矿山开采产生的固体废物相对较少，且以一般固体废物为主，环境危害较小。但随着开采规模的增加，废渣的积存量日益递增，累积影响逐渐增大。同时，废渣如不妥善处理，会造成资源的浪费。有些矿区在矿产资源开发时，未采取有效的土地复垦及修复措施，致使土壤的承载能力降低，矿区的地质结构遭到破坏，极易引起地表塌陷、裂缝、下沉等地质灾害问题，严重时会造成矿区生态环境失衡；此外，矿山堆积固体废物在长时间的日照和风吹下，容易形成飘尘，对大气环境造成污染。

1）堆置处理

堆置就是将矿山固体废物直接堆放到预先划定场地上的一种处理方法。采用该方法治理矿山固体废物，场地的选择至关重要，要对地质、水文、大气等条件进行综合考虑，并经过可行性论证后方能确定，所选的场地既要保护好地下水和地表水，又要防止风蚀，同时还要确保堆场的稳定性并减少其二次污染。

2）生态环境修复

目前，绝大部分的矿山固体废物仍然采用堆置处理，其造成的环境问题和地质灾害隐患依然存在。矿山固体废物的产生和堆存是产生矿山废弃地的重要因素，大量的矿山废弃地会对生态环境造成破坏。矿山废弃地生态恢复是以植被恢复为基础，非金属砂石矿山开采过程中剥离地表土层及钻孔作业产生的废渣也可用于矿山生态恢复。

（2）矿山开采过程中危险废物的防治

砂石矿山在开采过程中不可避免地会产生危险废物，如机械设备维修产生的废油等。危险废物管理应遵循《危险废物收集贮存运输技术规范》（HJ 2025—2012）。矿山企业应建设危险废物暂存间，并按照《危险废物贮存污染控制标准》（GB 18597—2001）要求对危险废物进行暂存，并定期委托具有危险废物经营许可资格的单位进行处置。

7.4.2　砂石骨料生产中的污染防治措施

砂石骨料生产是非金属砂石矿山的重要组成部分，主要为将原生矿石经机械破碎、筛分、整形等工艺加工制成砂石颗粒。

砂石骨料生产不同于开采带来的大范围的环境影响及生态破坏，其污染物排放主要集中在生产区的小范围内，这使其生产中的污染防治较矿山开采更为容易。但由于砂石骨料生产中污染源较为集中，且污染物产生量较大，若不重视污染防治，会对周边环境带来较大的影响。

7.4.2.1　砂石骨料加工中的废气防治

砂石骨料加工中产生的污染物主要为破碎筛分产生的粉尘及原材料及产品堆场产生

的扬尘。为了控制系统在生产过程中的扬尘扩散，对加工系统破碎车间、选粉机出料口进行全封闭；对粗破半成品堆场，中破、细破、超细碎车间，二筛及三筛调节堆场，落料点扬尘大的部分胶带机机头进行封闭；同时在弃料皮带下料口加装皮带溜桶和雾化喷头。

破碎筛分除尘系统由喷水降尘和除尘器两部分组成，喷水的作用是减少粉尘的产生，除尘器的作用是收集产生的粉尘。堆场降尘措施主要为喷水及围挡抑尘。

（1）破碎筛分工序喷水降尘及除尘

喷水抑尘是最为传统的除尘方法，是利用水源对粉尘进行防治，水分子表面会对粉尘产生吸附作用，从而达到降尘的效果。砂石骨料生产线一般在卸料仓和各个转运站的胶带机头部漏斗设置喷水装置。筛分过程中采用“湿筛”工艺的粉尘产生量较“干筛”明显降低。除尘器的作用为对破碎筛分工序产生的粉尘进行收集，目前，砂石骨料生产中常用的除尘设施为袋式除尘器。

（2）堆场及作业厂区降尘

原料在堆、取和贮存过程中产生的扬尘与多种因素有关，如粒径分布、含水量、空气湿度、风速、物料流量、落差等。扬尘通常有两种类型，即静态扬尘和动态扬尘，静态扬尘是指产生粉尘的物料处于静止状态时，在风力作用下而产生的扬尘。动态扬尘是指产生粉尘的物料在转运、堆料、取料等过程中产生的扬尘。

①喷水抑尘

喷水抑尘的原理主要有两点：一是增加原料的含水量，特别是表层颗粒的含水量，最好使其达 6%～8%以增加颗粒的重量；二是改变原料表面层的粒径分布，主要是微尘粒子的分布，由水滴或雾滴对微尘粒子捕集或附聚，捕集和附聚的过程及效果与液体的表面张力、喷雾液滴大小、喷嘴的型式和数量、喷射压力等因素有关。目前，国内外常采用声波雾化喷雾、磁水喷雾、预荷电喷雾、泡沫除尘、高压喷雾等技术。

②防风抑尘网

防风抑尘网技术在日本、韩国、美国、英国、澳大利亚等国家已经广泛应用于露天堆场的防尘工程，取得了良好的抑尘效果。20 世纪 80 年代末，我国开始对防风抑尘网进行研究，通过引进和消化国外防风抑尘网技术，对防风抑尘网的防尘机理、主要结构参数和挡风抑尘墙对堆场的减尘效果等做了一系列的研究。该技术适用于港口、煤矿、电厂、焦化厂、钢铁厂等露天原料场。

防风抑尘网从使用材质上大致可以分为柔性和刚性两类。柔性防风抑尘网具有成本低、质量轻、便于安装、拆卸、运输、储存、耐用、寿命长等特点，同时，其柔性结构在阻风时能更好地吸收风能，在孔隙度一致的情况下，阻风效果更好，具有优良的防风抑尘效果。刚性防风抑尘网是由一定几何形状的防风板组成，使流通的空气（强风）从外通过墙体时，在墙体内侧形成上下干扰的气流，以达到外侧强风、内侧弱风，外侧小风，内侧无风的效果，从而防止粉尘飞扬；刚性防风板具有高强度和高韧性、支撑结构经济耐用、美观大方、安装施工方便等特点。防风抑尘网采用四面围护的矩形防风网，其效果好于单列防风网，围护内减风比大于 60%，同时，矩形防风网对各个风向都具备防护作用。防风抑尘网高度达到堆放物料高度的 1.3～1.5 倍时，防风抑尘效果最佳。

③封闭料场（库）

封闭料场（库）的常见结构有矩形、圆形、扇形等。矩形料场分为无隔断和有隔断两种，无隔断矩形料场是在普通露天矩形料场的基础上增加封闭厂房，选用的工艺设备成熟，设备检修较为方便，对多品种、多批次物料的适应性强；有隔断矩形料场是在料条中间加设挡墙，大大提高料堆高度，堆存能力较强，采用卸矿车进行卸料和堆料，刮板取料机取出供料。圆形料场具有占地面积小，堆存能力强的特点，但料场选用的设备存在易磨损等问题；扇形料场选用的设备存在易磨损等问题，对多品种、多批次物料的适应性较差。

7.4.2.2　砂石骨料加工中的废水防治

砂石废水是在生产过程中，对骨料在冲洗时产生的废水，主要含有泥颗粒、石粉颗粒和少量细砂颗粒等无机物。常用的处理方式有以下 4 种。

（1）自然沉淀法

设置一级或多级沉淀池（平流式沉淀池），汇集需处理的废水，其中的悬浮物通过一级或多级自然沉淀，达到废水处理要求。该方法工艺简单、投资较低，但占地面积大、处理时间较长，适合小规模、低强度生产的人工砂石加工系统的废水处理。

（2）重力浓缩法

设计结构较为复杂的沉淀池，利用悬浮物颗粒与水的密度之差，使颗粒在重力作用下互不干扰、等速下沉，从而浓缩污泥，进行废水处理。根据沉淀池结构和水的流向，常见的沉淀池有平流式、竖流式、辐流式、斜管式 4 种。该方法的处理工艺和结构较简单，建造成本较低，效果较明显，但占地面积较大，建造周期较长。

（3）调理处理法

对废水中的污泥进行调理，即改变污泥粒子的物化性质，破坏其胶体结构、降低其与水的亲和力、改善脱水性能，从而加速污泥浓缩，进行废水处理常见的操作是在废水中加絮凝剂加速沉淀，常用的絮凝剂有硫酸铝、聚合硫酸铁、聚合氯化铝等无机絮凝剂和阴离子聚丙烯酰胺（APAM）。采用该法处理，可急剧增强水的澄清净化作用、泥颗粒的沉降作用、污泥的增稠作用，大幅减少废水处理时间，且对水质的色、味等均无影响，但由于絮凝剂的价格较贵，所以废水处理的运行费用较高。

（4）机械处理法

通过专用机械设备对废水进行捞取、脱水、浓缩污泥的一种处理方式，多采用筛分脱水、压滤脱水、离心脱水设备。压滤脱水设备主要有板箱压滤机、带压式压滤机、真空过滤机等；离心脱水设备主要有转筒式离心机、卧式螺旋离心机。该方法处理效果好、处理效率高，但设备价格较高，运行保养要求较高。

7.4.2.3 砂石骨料加工过程中的噪声防治

（1）合理选址

砂石生产线选址时要注意远离人群密集的区域，尤其是在设计规划时，需要充分利用地形、地物，如山坡、山丘、树林等，因地制宜地阻隔噪声传播。

（2）隔声处理

采用针对性强的隔音手段来阻断砂石生产线噪声，隔音板就是从介质传播途径降噪的有效手段。隔音板采用高密度材料，根据声音传播的原理——“在跨密度传播中，两种介质密度相差越大，声音传播的效果就越差”，通过反射和阻断的方式来控制声音的传播，从而实现降噪的目的。采用此法时施工方需要从碎石生产线噪声来源的实际位置出发，在重点区域搭设隔音棚，屋顶和四周墙面采用隔音板进行密封围蔽。

（3）加强设备的维护保养

在砂石骨料生产线中，有些噪声是难以避免的，如在粗碎机、中细碎机的工作环节中，必然会产生大量噪声，降噪的方法只能采用隔音板、隔音墙等措施；而有些声音则是可以从源头上避免或者大幅降低的，这就离不开施工方对相关器械的严格检查。在破碎机、筛分机等主要设备的工作过程中，任何零部件的松动，都有可能导致额外震动的发生，而额外震动恰恰是噪声的主要来源之一。对此，运行人员在设备运转前要紧固所有部件，同时可选用橡胶弹簧替代筛分机的振动弹簧，用冲击噪声低的橡胶筛板或者聚氨酯筛板来替代传统的冲孔钢筛板和钢制编织筛网。运行人员应加强对设备的维护保养，在设备的运动部件中加注适量的润滑油脂，使摩擦阻力减小，进而降低因摩擦产生的噪声。

（4）吸声材料的应用

筛分机是砂石生产线中噪声产生最严重的区域，这和筛分机本身的物理属性有很大的关系。筛分机由钢制构件组成，典型的构件有横梁、筛面、侧板、加强板等，在筛分设备的工作过程中，这些钢制构件会产生震动，从而带来噪声污染，并且由于筛分设备自身工作系统的复杂性，这些噪声还具有声源多、声级高的特征。对此，可在筛分机筛箱之间装设阻尼弹簧和阻尼橡胶。除阻尼材料能够将机械振动转变为热能消耗之外，还可以在隔声棚内悬挂吸声体，利用吸声体材料具有的吸声功能，吸收隔声棚内的反射声，进一步降低其噪声污染。

（5）设置隔声室

为改善职工的作业环境，建议砂石骨料生产线设置隔声室，这既可作为岗位工人的操作观察室，又可作为临时休息间。该隔声室既要有较好的隔声效果，又要使室内空气比较清洁、温度适宜，拥有相对舒适的环境。依照现场对隔声室功能的要求，其基本结构应包括以下几点：

①在隔声室的适当部位设置隔声门、隔声观察窗。隔声门采用双层厚钢板，内填吸声材料、门缝作接口处理，并贴敷适当厚度的橡胶条或密封毛毡做压缝条。隔声窗按双层隔声结构设计制作，门窗实际隔声量应与墙体基本达到“等效应”的原则。

②隔声室由各构件拼装组成，用螺钉连接，采用“外隔内吸”结构，即采用厚钢板做墙体和顶棚外表面（板背后设置加强筋，保证面层刚度），内填适宜容重的吸声材料，再以护面层及穿孔板作内表面。对隔声室外表面除锈后作喷漆处理。

③在震动较大的位置，隔声室底部作适当的减震处理。如在粗碎工段，隔声室底部为钢板，上铺软泡沫塑料层或橡胶板，再垫塑胶地板。

7.4.2.4　砂石骨料加工过程中的固体废物防治

砂石骨料在加工过程中产生的固体废物主要为沉淀池及雨水池中收集的砂石骨料及除尘器中收集的粉尘，这些固体废物都可作为产品外售，以达到资源化利用的目的。砂石加工设备维护不可避免地会产生废机油等危险废物，其贮存及处置方式与矿山开采中的危险废物相同，在此不做赘述。由于员工生活会产生部分生活垃圾，生产厂区应设置生活垃圾收集设施，对生活垃圾进行分类收集，定期交环卫部门清运。

通过合理的固体废物处置可以避免或减轻砂石骨料加工场固体废物的环境影响。

第8章 砂石矿山生态环境修复

8.1 砂石矿山开采带来的生态环境问题

砂石矿山开采带来的生态环境问题主要表现在矿区水土流失、地形地貌遭到破坏、生态系统发生改变、景观格局发生变化等。

8.1.1 矿区水土流失

砂石采矿工程包括开采、破碎加工等主体工程，以及建设表土堆场、废石堆场、运输道路、机修车间等辅助工程。在项目建设及运营过程中，占用或挖损土地、改变地表形态、破坏地表植被、损毁水保设施等，会使土壤可蚀性增强，加剧水土流失，影响附近地表水体的水质。

8.1.2 地形地貌遭到破坏

砂石矿区建设期间的地面整平、地表剥离、道路修建、场地建设等，均会造成地表形态的改变，而运营期间废石、表土的堆置将形成新的地形地貌。大面积的地表植被被剥离，地形改变、废石排置、废土堆积等都扩大和增强了土壤被侵蚀的范围和强度，造成严重的生态系统失衡。

8.1.3 生态系统发生改变

砂石矿山主要采用露天开采的方式，其中采石场和砂石加工场基建需要占用一定面积的土地，占地范围内的植被会被清除；在开采过程中采区表层土壤剥离时也要清除地表的植被，改变矿区原有的生态系统。

8.1.4　景观格局发生变化

砂石矿山的开采将对矿区内原有的景观进行分割，使景观斑块数量和破碎度增加，露天采场、排土场、废石场、加工工业场地等人工景观在矿区内凸显，影响原有景观，改变了区域生态景观的完整性和优美度，损害其生态景观价值，造成区域局部生态景观的斑块化和破碎化。

由于对砂石资源的不科学开采或开采工艺的落后，导致矿区生态环境被破坏，加重了水土流失，严重影响了矿区景观和当地居民的生活质量，已经引起了各级政府的重视和各界人士的高度关注。近几年来，我国相关职能部门陆续出台了行业要求和指导性意见，按照“谁开采、谁治理，边开采、边治理”的原则，由责任人履行矿山生态修复义务，砂石矿山生态环境修复工作已在全国广泛开展。

8.2　砂石矿山生态环境修复的主要理念

曾任生态环境部南京环境科学研究所研究员的沈渭寿在2018全国矿山生态修复高峰论坛上以《砂石矿生态环境理论与实践》为题发表演讲，他指出，砂石矿山生态修复就是把它作为一种开发利用式的修复治理，需要科学的学科理论来支撑。国际上有可持续发展理论、场所精神理论、恢复生态学理论、景观生态学理论、风景园林理论、城市规划理论等可供借鉴。如可持续发展理论主张，矿山废弃地的改造建设不仅依赖于目前的技术，还要从经济、社会、资源与环境等多方面考虑；场所精神理论强调，设计在营造新事物的同时要保存并传达原有空间所具有的认同感和归属感，采石场是人类采石留下的场景，记录并反映了在特定时期人类文明和发展状态，具有强烈的人文与物化环境的特征，在利用过程中要充分合理地利用场地，要体现其精神。采石场废弃地的生态恢复必须遵循恢复生态学的基本规律和规范，特别是进行复绿时一定要遵循恢复生态学理论；从风景园林、规划理论等视角来看，采石场废弃地可作为风景园林中一个重要的资源被利用；有的废弃地地处城市规划区，其修复目标和成效要和城市规划相结合。

沈渭寿介绍，从近年来砂石矿山的生态修复主要模式来看，有工程绿化、园林景观、矿山公园、复合型旅游开发、城市公共设施建设、房地产开发等模式。结合一些矿区案例，他提出，矿山生态修复要在详细调查的基础上，因地制宜地制订矿区生态环境的恢复方案，根据区域社会经济发展需求、矿区废弃地所处区域、位置及生态适宜性来设定生态修复目标，更好地为地方经济社会发展服务。

8.3 砂石矿山生态环境修复的主要内容

砂石矿山的生态恢复主要针对采矿活动造成的露天采矿场、采空区、废石场、排土场、矿山道路等工程区域进行生态环境重建，涉及的主要工程内容有：

①边坡的稳定与加固，消除原生及次生的地质灾害，保护矿区地质环境。

②土壤重构，为土地复垦或植被恢复创造条件。

③矿区植被恢复，针对砂石矿山边坡及采区的植被恢复。

8.3.1 边坡的稳定与加固

矿山在经过长时间的开采后通常会出现地质状况不稳定的问题，存在山体坍塌等安全隐患。在山体生态修复前，需要先全面了解受损山体的地质环境，对矿区地质灾害的危险性进行现状评估。通过现场调查测绘，查明受损山体的分布、规模、开采侧壁地质灾害的易发程度、主要诱发因素、稳定性及发展变化趋势、危害特征等。根据地质环境评估结果，采用工程治理措施对受损山体进行治理，消除安全隐患，如清除坡面松动危岩体及潜在不稳定块体，对陡坡进行削坡或锚固加固等，具体措施主要有以下 6 条。

①对坡度较陡，存在不稳定岩体及堆积体的边坡进行削坡。对高度不高的陡坡，也可填方压脚。

②对富水地区边坡必须制订地表排水、地下排水相结合的方案进行疏干排水，必要时可钻引水孔排水。

③设置截水、排水设施。如果矿山边坡不做好截水、排水设施的布置工作，则地表水或地下水会沿着岩体的裂隙流进内部，长此以往会导致矿山岩体内部结构被软化、侵蚀，最终出现塌方、水土流失等地质灾害。因此，需要结合矿山边坡的实际情况科学地布置截水、排水设施，及时将地表积水、地下水排出。在截（排）水沟修建完毕后需要定期维护，确保排水的通畅性。

④对局部受地质构造影响的破碎带，采取清除危岩或锚杆、钢筋网喷混凝土支护等措施。

⑤对岩石风化严重，易造成小范围塌方的边坡采用建设削坡后挡土墙的方法治理。

⑥为防止浮石滚落造成安全隐患，必须对坡面进行清理并严格检查，发现不安全因素应及时处理，清理后可在绿化工程建设时在坡面铺设金属网挡石。

8.3.2　土壤重构

土壤重构以采矿区受破坏土地的土壤恢复或重建为目的，采取适当的采矿和重构技术工艺，应用工程措施及物理、化学、生物、生态措施，重新构造一个适宜的土壤剖面和土壤肥力因素，在较短的时间内恢复和提高重构土壤的生产力，并改善重构土壤的环境质量。

矿山生态修复土壤重构的方法因具体的重构条件而异，不同的采矿区域、采矿类型和采矿与修复阶段的土壤重构方法不尽相同。砂石矿山开采对矿区的环境影响以生态影响为主，污染影响为辅。土壤重构区域主要是采终台段、采终边坡、排土场和废石场的生态环境修复，目的是种活植物，为矿区复绿创造条件，多采取表土转换及客土覆盖等措施。

表土转换主要是在矿区开采作业开展前期，首先将表层、亚表层土壤挖走，并储存在适宜的环境中。在矿区采矿作业结束后，再将以往储存的土壤放回原处。上述方法虽然在一定程度上破坏了矿区周边植被，但是整体土壤物理性质、种子库、营养条件没有太大变化，便于本土植物在较短的时间内生长存活。

客土覆盖主要是矿区开采后废弃地土层厚度不足时，利用异地熟土覆盖的方式，固定在矿区开采后废弃地表土层。在改良矿区开采后废弃地的土壤理化性质的同时，也可以通过在客土中添加微生物、氮素、植物种子，为矿区废弃地植被重建提供良好条件。

露天矿在开采后，采终边坡或台段大多形成坡度陡的岩石边坡以及宽度不大的台阶，因此，在对露天采矿区进行生态修复时，要对其形成的坡面进行不同程度的处理，在保证边坡稳定的前提下进行生态环境修复措施。不管是开采终了台段还是开采终了边坡，突出特点是“少土”或“无土”，对少土区来说，表土的剥离和回填最为关键；在无土区，则需要对各扰动层次进行样品分析，选择合适层次的物料代替土壤覆盖于表层，并采取有效的水土保持措施防止水土流失，恢复植被，重建生态。在矿山开采初期，偏重工程措施，建设必要的防止水土流失工程，并辅以物理化学方法；在矿山开采后期则侧重多用生态措施，根据土层厚度和矿区气候条件、植物习性，选择适宜矿区生长的乡土植物进行修复。

对排土场和废石场的生态环境修复，首先要保证边坡稳定，其次要工程措施与植物措施相结合，主要是植树种草。对存在安全隐患的边坡要采取工程措施进行处理，其主要包括修建拦河坝、削坡开级、修建抗滑桩、设置深空预应力锚、长锚杆加固等工程措施。植物措施所选择的植物树种要抗性强、品质好，栽植树木的方法主要包括堆土袋、挂网绿化、植生袋、植生盘等。排土场修复为林地时，应在其地面表层覆土，厚度应大于 30 cm；若采用坑栽的方式，可在坑内填入少量的客土；在边坡小于 35° 的人工挖土缓边坡地带可种植一般的林木。

8.3.3 矿区生态修复的目标及植物选择

在矿山生态环境修复过程中效果最为明显的方法之一便是修复矿山植被。植被恢复的要点是：

①对矿山的土壤及环境条件进行全面勘查，明确矿山生态修复的目标。

②根据当地水文、气象、地貌、土壤等条件，确定植被种植的类型。

③进行矿山土壤的生物修复。

8.3.3.1 矿区生态修复的目标

在进行矿山生态修复前需要全面了解矿山的实际情况并明确生态修复的目标，进而制订出合理、科学的生态修复计划，提高生态修复的有效性。砂石矿山生态恢复的主要目标为恢复矿区生态系统的完整性及生物多样性。

①在采矿场、废石场、道路等占地等范围内，采取工程措施、植物措施和临时措施，治理动土破坏面，种植植被，恢复当地生态系统结构的完整性，使生物量不出现明显下降，野生动物的生境得到保护和恢复。

②通过进行边坡防护、设置过流疏导工程、土层覆盖与植被恢复等措施，减少土壤侵蚀量，全面恢复工程区水土保持设施，确保水土流失得到有效防治。

③采取工程措施和植被措施，维护开挖边坡及废石场稳定。

④基本恢复矿区土地利用结构，根据《矿山生态环境保护与污染防治技术政策》（2016），金属矿山，选矿废水重复利用率一般应达 85%以上。废石场（排土场）和尾矿库应分阶段治理，服务期满后治理率应达 100%；非金属矿山，固体废物、废水应加强综合利用，石灰岩矿山固体废物综合利用率应达 90%以上。服务期满后因地制宜开展生态修复，治理率应达 100%。

8.3.3.2 矿区生态修复的植物选择

植物种类的选择及配置是矿山生态修复的重要问题。植物种类选择时应遵循如下原则：①选择适应性强、抗逆性好、生长快的植物；②选择具有改良土壤能力的固氮植物；③尽量选择当地优良的乡土植物和先锋植物；④选择植物种类时不仅要考虑短期效应，更应注重中长期发展前景。

（1）固氮植物

种植固氮植物是经济效益与生态效益俱佳的土壤基质改良方法。有研究表明，固氮植物每年每 1 hm^2 可以固氮 50～150 kg。固氮植物可以是豆科的，也可以是非豆科的，主要包括与根瘤菌共生的植物、与弗兰克氏菌共生的植物和与蓝藻类共生的植物等。

（2）先锋植物

原生裸地上植物群落的形成与演替是一种由先锋植物入侵、定居、群聚、竞争的过程。先锋植物凭借其种群优势，影响后入侵者的定居与生长发育，它往往决定裸地最初形成的群落类型。一般来说，先锋植物是阳性植物，抗逆性强，易于存活与生长，能不断地改善土地的质量与周边的微环境，为其他物种的入侵创造条件，促进矿区植物群落的演替。

（3）乡土植物与外来植物

植被在恢复中是否引入外来物种是一个颇具争议的问题。无论是从恢复生态学还是生物安全的角度来讲，在矿山恢复的过程中应该首先考虑的是适生的乡土植物，尽量避免引入外来植物。在实践中，有时为了见效快，选择一些外来植物用于矿山的植被恢复也是常见的方法；但最终恢复和重建的植物应该是乡土物种。

（4）植物品种组合配置

矿区植被恢复，不仅要求选择适当的植物种类，而且不同种类植物之间的合理配置也同样重要。要根据不同的地形、气候、光照、水、温度、土质、边坡特点和植物特性等因素，根据生态系统演替的理论，注意植物品种的选择及其配置，采用不同的植物组合，如固氮植物与非固氮植物结合，浅根植物与深根植物结合，上繁植物与下繁植物（贴地生）结合等。

8.3.3.3 矿区土壤生物修复

矿区土壤的生物修复主要包含两个方面：一方面是修复土壤微生物，主要方法是提高土壤的活性，进而增加土壤中的有机物含量；另一方面是修复土壤动物。做好土壤动物的修复工作能够有效改善土壤结构，土壤动物具有分解枯枝、残枝的能力，不仅能够提高土壤的肥力，还可以帮助土壤植物完成营养循环。

8.3.4 矿区生态修复典型技术

8.3.4.1 常用的边坡生态修复技术

（1）湿法喷播技术

湿法喷播技术是将配制好的种子、肥料、覆盖料、土壤稳定剂等与水充分混合后，采用喷枪将混合物喷洒在边坡表面上，并能保证植株在较短时间内迅速覆盖坡面，特别适合土质填方边坡和不平整土地植被的种植。

（2）网袋植草技术

网袋植草技术是将植物种子、肥料、土壤混装在纤维网或金属网袋中，然后固定在边坡上进行绿化。纤维网可根据其抗拉能力和固土能力的不同设计 2～5 层，一般情况下薄层应用于填方边坡，厚层应用于挖方边坡。网袋植草技术对于土质贫瘠的挖方边坡和土石混填的填方边坡，可以起到固土、防冲刷并改善植草质量的良好效果。

（3）植生带技术

植生带技术是一种将已成苗草皮或植物种子夹在织物或纤维垫中直接贴在边坡表面进行快速绿化的方法，适用于需要迅速得到防护的土质边坡和风化极严重的岩石边坡。

（4）客土喷播技术

客土喷播技术是以加工过的树皮、养生材料、植物种子与少量优质土混合，添加营养剂、黏结剂和土壤稳定剂制成客土，借助喷播机用挂网喷射的方式均匀涂喷于坡面上，实现对岩石边坡的绿化。

（5）喷混植草技术

喷混植草技术是将含草种、有机质的混凝土喷在岩石坡面上，在风化岩质坡面上营造一层既能让植物生长发育的种植基质又耐冲刷的多孔稳定结构。

（6）仿原生态植被恢复技术

仿原生态植被恢复技术是指在原开挖陡峭的边坡无法采用直接挂网客土植草的方法，但局部位置具有植物生长的基础（如石缝、沟壑、平台及凹陷部位），在此采用植生袋或客土植草防护的方法，使局部位置尽快实现绿化；不能植草的陡峭、风化程度轻的母岩处则采用着色的方法使之与周边岩石表层颜色基本一致的技术。

8.3.4.2 砂石矿复绿典型技术方法

矿山复绿是指通过采用工程、生物等技术手段对因矿山开采引起的地质环境问题进行综合治理，使矿山地质环境达到稳定、生态环境得以恢复的过程。2015—2020 年，我国矿山地质环境治理中常采用的矿山复绿方法主要有覆土绿化、挡墙蓄坡绿化、开凿平台绿化、边坡钻孔绿化、鱼鳞坑蓄土绿化、挂网喷播绿化、生态袋绿化、生态草毯绿化、飘台绿化、植生混凝土绿化等。

（1）覆土绿化

适用于稳定的土质边坡、卵砾石边坡或软岩质边坡，坡度范围 0°～30°。矿山在开采后形成的面积较大、比较平坦的矿场或其他较为平整的场地，经地形测量后，进行场地挖填设计，控制土地高程、确定土地边界，对土地进行平整，配土覆土，根据恢复土地利用类型确定回填土层厚度。回填 20 cm 以上的种植土时，种植固土的草本和灌木；回填 80 cm 以上的种植土时，种植草本、灌木、乔木植物进行。该方法的优点是简单可行，覆土后可种植农作物及草本、灌木、乔木植物等，能有效保持水土和地表的抗冲刷能力，有计划地逐步改良土壤土质，实现耕地、林草地指标的占补平衡，具有一定的景观价值并减少扬尘；其缺点是适用局限性大，仅可用于坡度在 30°以下的缓坡。

（2）挡墙蓄坡绿化

适用于岩质边坡（中软岩最佳），坡度范围 50°～80°。对高陡、坡前具有回填空间的边坡，可在坡前修建挡土墙，墙后回填渣土蓄坡，回填坡度不大于 30°，挡土墙可根据回填方量选择砖砌挡墙、浆砌片石挡墙、毛石混凝土挡墙等。蓄坡后覆种植土，种植草本、灌木、乔木植物进行绿化。该方法的优点是简单可行，成本较低，使用寿命长；缺点是人为痕迹重，对渣土回填压实度要求较高。

（3）开凿平台绿化

适用于稳定性较好的岩质边坡。对完整性较好的岩质边坡，可在边坡上开凿不同尺寸的平台，在平台前缘修建挡土墙，墙后覆土，种植草本、灌木、乔木植物进行绿化。

（4）边坡钻孔绿化

边坡钻孔绿化包括大孔植藤绿化、小孔植藤绿化和燕巢复绿法。

大孔植藤绿化法适用于硬土质或风化程度较高的石质边坡，坡度范围 60°～80°。在陡坡坡面上钻凿直径 200 mm、深 500 mm 的钻孔，在孔中填入配制好的营养基后，每孔种植 3～5 株爬藤类植物，在后期人为干预爬藤的覆盖方向。

小孔植藤绿化法适用于较为坚硬的石质边坡，坡度范围 70°～90°。在陡坡坡面上钻凿直径 35 mm、深 400 mm 的钻孔，在孔中填入营养基，每孔种植 3～5 粒催芽后的藤本种子，并在后期人为干预爬藤的覆盖方向。

燕巢复绿法，适用于中软岩及风化程度较高的边坡，坡度范围 50°～80°。在陡坡坡面上凿出 300 mm×300 mm，深度 400 mm 的方形巢穴，在巢中填入营养基，每个燕巢中植入 3～5 株爬藤幼苗，后期人为干预爬藤的覆盖方向。

边坡钻孔绿化的优点是适用范围广，技术简单，成本较低；缺点是施工难度较高，绿化率较低，施工时需特别注意施工人员的安全。

（5）鱼鳞坑蓄土绿化

适用于岩质或土质边坡，坡度范围 30°～55°。利用坡面凹处或有小平台的空间，采用混凝土或石块向上垒砌，或向下挖成坑，形成鱼鳞状的种植穴，在穴内客土栽植乔木和藤本植物或经济类林木，能有效防止雨水冲刷，保持水土。

该方法的优点是在有凹处、起伏的非高陡边坡修筑，简单易行，具有保水抗旱的特点；缺点是在高陡坡、平滑的岩质坡面不宜采用，绿化效果受坡面状况影响较大。

（6）挂网喷播绿化

适用于岩质或土质边坡，坡度范围30°～70°。挂网喷播采用“高次团粒”喷播技术，简称SF绿化法。SF绿化法，就是针对各种岩石、硬质土、砂质土、贫瘠地、酸性土壤、干旱地带、河岸堤坝等植物生长困难的地方，在坡体稳定的前提下，采用经特殊工艺制造的客土材料，加入植物种子，并添加必要材料后，采用喷播、机械或人工作业的方式制成最适于植物生长的生育基盘。这种瞬间制造的人工土壤具有高次团粒结构，既有保水性，又有透水性、透气性，适于植物和土壤微生物生长，又能有效抵抗雨蚀和风蚀，防止水土流失。

该方法的优点是适用范围广，灌草结合，可快速实现绿化效果；缺点是技术较复杂，成本较高，苗木成活率低，后期需大量的水和人工进行养护。

（7）生态袋绿化

生态袋绿化法是近几年出现的一种新型生态护坡方法。该方法是用充填土的生态袋组成挡土结构，通过锚杆固定在陡坡上，生态袋之间由抗老化的连接袋相互连接成整体柔性结构，在生态袋内外立面采用混播、喷播、压播、插播的方式进行绿化，形成整体的生态柔性挡土结构。植物根系通过这种新型软体边坡自由生长，进入岩土基层，从而达到绿化效果。施工主要有两种方法、堆叠法和长条形法。

堆叠法适用于各种稳定的土质边坡或岩质边坡，坡度范围 45°～80°。将配制好的营养土装入预置草种的生态袋中，坡面修整顺滑后，在底部施做稳定基层，品字形铺设锚固生态袋，扦插灌木，在土袋和边坡之间填土密实，袋顶种植爬山虎等绿植，在后期洒水养护。

长条形法，适用于各种稳定的土质边坡或岩质边坡，坡度范围 45°～90°。长条形袋填充植生土后挂靠边坡，沿坡面自然垂下，用锚杆固定。

生态袋绿化法的优点是适用范围广，施工技术简单，成本较低，可快速实现绿化效果；缺点是后期需大量的水和人工进行养护。

（8）生态草毯绿化

生态草毯绿化法适用于稳定的土质、卵砾石或软岩质边坡，坡度小于35°。将边坡上的石块等清除后，在坡面上覆土并进行人工再平整。按照比例配制灌木种子和草种，掺砂后均匀撒播。覆盖草毯后，需修筑横向和纵向的排水系统，并加强后期的洒水养护。

该方法的优点是技术简单可行，成本较低，可快速实现绿化效果，后期草毯分解后自动成为有机肥料；缺点是适用局限性大，仅可用于坡度在35°以下的缓坡。

（9）飘台绿化

飘台绿化是通过在岩质坡面上钻孔，将锚杆与坡面呈一夹角锚入岩体中，上部浇筑成钢筋混凝土板，使之与岩质坡面呈“U”或“V”形，然后在里面覆种植土，种植灌木或藤蔓植物等，使坡面达到绿化效果。

该方法的优点是可对硬度大、表面平滑、高陡、不利于植物根系生长的岩质坡面进行复绿，保水保肥性能好；缺点是施工难度和安全风险较大，遇坡面风化、钢筋腐蚀等情况可能造成局部坍塌，存在安全隐患，不宜用于人类活动频繁的地方，如道路、房屋等建筑周边。

（10）植生混凝土绿化

植生混凝土绿化是指采用特定混凝土和混合植物种子配方，对岩质边坡进行防护和绿化的一种新型技术。针对坡度大于 60°的高陡岩质边坡防护和绿化，以水泥为黏结剂、加上植被混凝土绿化添加剂、沙壤土、植物种子、肥料和水等组成喷射混合料进行护坡绿化。

该方法的优点是采用了水泥，增强护坡强度和抗冲刷能力，能快速营造出适宜植物生长的环境，较好地解决了岩质边坡防护和快速绿化问题，并且在混凝土、植被与基材的共同作用下，增强了基材的抗侵蚀性，能有效保障植被快速成型及生态稳定性。且该技术机械化程度高，生产能力大，施工采用干式喷锚机进行喷播，喷射距离远，喷射层有一定的强度且不易产生龟裂，抗冲刷能力强，特别适用于陡峭岩石边坡。

矿山复绿方法众多，在实际应用中需要根据治理矿山的具体情况选用不同的治理方法，采用多种矿山复绿方法进行组合，以实现最佳绿化效果。砂石矿山的生态环境修复，应该把矿业、农业、林业多产业进行融合，并且要和当地的政府规划部门、自然资源管理部门通力协作，坚持科学发展观，以生态文明建设思想为指引，结合自身矿区特点，因地制宜，不同的矿山按照不同的科学方法实施矿区生态环境修复。

附录　技术标准及规范

下列技术标准和规范是本书在编制过程中相关内容的重要依据，也是砂石绿色矿山建设执行的标准和规范，有最新版本发布的，以最新版本为准。

一、国家标准

（一）环境保护

GB 36000—2018《土壤环境质量　建设用地土壤污染风险管控标准（试行）》

GB 15618—2018《土壤环境质量　农用地土壤污染风险管控标准（试行）》

GB/T 14848—2017《地下水质量标准》

GB 34330—2017《固体废物鉴别标准 通则》

GB 50087—2013《工业企业噪声控制设计规范》

GB 3095—2012《环境空气质量标准》修改年

GB 12348—2008《工业企业厂界环境噪声排放标准》

GBZ 2.1—2019《工作场所有害因素职业接触限值　第 1 部分：化学有害因素》

GBZ 2.2—2007《工作场所有害因素职业接触限值　第 2 部分：物理因素》

GBZ/T 192.1—2007《工作场所空气中粉尘测定　第 1 部分：总粉尘浓度》

GB 5749—2006《生活饮用水卫生标准》

GB 5084—2005《农田灌溉水质标准》

GB 14500—2002《放射性废物管理规定》

GB 8978—2002《污水综合排放标准》

GB 18918—2002《城镇污水处理厂污染物排放标准》

GB 3838—2002《地表水环境质量标准》

GB 18598—2019《危险废物填埋污染控制标准》

GB 18599—2020《一般工业固体废物贮存、处置场污染控制标准》

GB 16297—1996《大气污染物综合排放标准》

GB 15562.1—1995《环境保护图形标志　排放口（源）》

GB 15562.2—1995《环境保护图形标志　固体废物贮存（处置）场》

（二）节能管理

GB/T 31341—2014《节能评估技术导则》

GB/T 28749—2012《企业能量平衡网络图绘制方法》

GB/T 28751—2012《企业能量平衡表编制方法》

GB/T 23331—2020《能源管理体系　要求及使用指南》

GB/T 13234—2009《企业节能量计算方法》

GB/T 3484—2009《企业能量平衡通则》

GB/T 15316—2009《节能监测技术通则》

GB/T 15587—2008《工业企业能源管理导则》

GB/T 2589—2020《综合能耗计算通则》

GB/T 13471—2008《节电技术经济效益计算与评价方法》

GB 17167—2006《用能单位能源计量器具配备和管理通则》

（三）地质矿产

GB/T 33444—2016《固体矿产勘查工作规范》

GB/T 14684—2022《建设用砂》

GB/T 14685—2022《建设用卵石、碎石》

GB/T 17431.2—2010《轻集料及其试验方法　第 2 部分：轻集料试验方法》

GB/T 13908—2020《固体矿产地质勘查规范总则》

GB 6566—2010《建筑材料放射性核素限量》

GB/T 17766—1999《固体矿产资源/储量分类》

（四）设备及设施

GB 51186—2016《机制砂石骨料工厂设计规范》

GB/T 33000—2016《企业安全生产标准化基本规范》

GB 6722—2014《爆破安全规程》

GB 50187—2012《工业企业总平面设计规范》

GB/T 16666—2012《泵类液体输送系统节能监测》

GB/T 13306—2011《标牌》

GBZ 1—2010《工业企业设计卫生标准》

GB 50070—2009《矿山电力设计规范》

GB 4272—2008《设备及管道绝热技术通则》

GB/T 8175—2008《设备及管道绝热设计导则》

GB 14161—2008《矿山安全标志》

GB 2894—2008《安全标志及其使用导则》

GB 50433—2008《开发建设项目水土保持技术规范》

GB 19762—2007《清水离心泵能效限定值及节能评价值》

GB 16423—2006《金属非金属矿山安全规程》

GB 50029—2003《空气压缩站设计规范》

GB 19153—2003《容积式空气压缩机能效限定值及节能评价值》

GB/Z 18718—2002《热处理节能技术导则》

GB 18452—2001《破碎设备安全要求》

GB/T 1028—2000《工业余热术语、分类、等级及余热资源量计算方法》

GB 18152—2000《选矿安全规程》

GB 5083—1999《生产设备安全卫生设计总则》

GB/T 50264—2013《工业设备及管道绝热工程设计规范》

GB/T 16665—1996《空气压缩机组及供气系统节能监测方法》

GB/T 3486—1993《评价企业合理用热技术导则》

GBJ 22—87《厂矿道路设计规范》

（五）电气

GB 20052—2013《三相配电变压器能效限定值及能效等级》

GB 50034—2013《建筑照明设计标准》

GB 18613—2020《电动机能效限定值及能效等级》

GB 50061—2010《66 kV 及以下架空电力线路设计规范》

GB 50052—2009《供配电系统设计规范》

GB/T 13462—2008《电力变压器经济运行》

GB/T 17468—2019《电力变压器选用导则》

GB 20054—2015《金属卤化物灯能效限定值及能效等级》

GB 20053—2015《金属卤化物灯用镇流器能效限定值及能效等级》

GB 12497—2006《三相异步电动机经济运行》

GB/T 3485—1998《评价企业合理用电技术导则》

GB 50054—2011《低压配电设计规范》

GB 50053—2013《20 kV 及以下变电所设计规范》

GB 50055—2011《通用用电设备配电设计规范》

（六）暖通

GB 21455—2019《房间空气调节器能效限定值及能效等级》

GB 19761—2020《通风机能效限定值及能效等级》

GB 50736—2012《民用建筑供暖通风与空气调节设计规范》

GB 50019—2015《工业建筑供暖通风与空气调节设计规范》

（七）给排水

GB 50555—2010《民用建筑节水设计标准》

GB 50013—2006《室外给水设计规范》

GB/T 7119—2018《节水型企业评价导则》

GB 50014—2006（2016 年版）《室外排水设计规范》

GB 50015—2019《建筑给水排水设计规范》

（八）建筑

GB 50189—2015《公共建筑节能设计标准》

GB 50019—2015《工业建筑供暖通风与空气调节设计规范》

GB 50016—2014（2018 年版）《建筑设计防火规范》

GB/T 50033—2013《建筑采光设计标准》

GB/T 7106—2019《建筑外门窗气密、水密、抗风性能分析及检测方法》

二、行业标准

（一）环境保护

HJ 941—2018《企业突发环境事件风险分级方法》

HJ 740—2015《尾矿库环境风险评估技术导则（试行）》
HJ 274—2015《国家生态工业示范园区标准》
HJ 25.2—2014《场地环境监测技术导则》
HJ 25.4—2014《污染场地土壤修复技术导则》
HJ 651—2013《矿山生态环境保护与恢复治理技术规范（试行）》
HJ 652—2013《矿山生态环境保护与恢复治理方案（规划）编制规范（试行）》
HJ 2035—2013《固体废物处理处置工程技术导则》
HJ 2034—2013《环境噪声与振动控制工程技术导则》
HJ 606—2011《工业污染源现场检查技术规范》
HJ 610—2011《环境影响评价技术导则 地下水环境》
HJ/T 425—2008《清洁生产标准 制订技术导则》
HJ/T 393—2007《防治城市扬尘污染技术规范》
HJ/T 164—2004《地下水环境监测技术规范》
HJ/T 166—2004《土壤环境监测技术规范》
HJ/T 91—2002《地表水和污水监测技术规范》

（二）地质矿产

DZ/T 0316—2018《砂石行业绿色矿山建设规范》
DZ/T 0287—2015《矿山地质环境监测技术规程》
DZ/T 0223—2011《矿山地质环境保护与恢复治理方案编制规范》
DZ/T 0219—2006《滑坡防治工程设计与施工技术规范》
DZ/T 0220—2006《泥石流灾害防治工程勘查规范》
DZ/T 0221—2006《崩塌、滑坡、泥石流监测规范》
DZ/T 0245—2004《建设用地地质灾害危险性评估技术要求》

（三）土地管理

TD/T 1036—2013《土地复垦质量控制标准》
TD/T 1031.1—2011《土地复垦方案编制规程 第 1 部分：通则》
TD/T 1012—2000《土地开发整理项目规划设计规范》

（四）建筑工业

JGJ 16—2008《民用建筑电气设计规范》

JGJ 144—2008《外墙外保温工程技术规程》
JG/T 195—2007《散热器恒温控制阀》
JGJ 52—2006《普通混凝土用砂、石质量及检验方法标准》

（五）机械

JBJ 14—2004《机械行业节能设计规范》
GB/T 51266—2017《机械工厂年时基数设计标准》

（六）城镇建设

GB/T 31962—2015《污水排入城镇下水道水质标准》
CJ 164—2002《节水型生活用水器具》

（七）电力

DL/T 5112—2009《水工碾压混凝土施工规范》
SL 677—2014《水工混凝土施工规范》
DL 408—1991《电业安全工作规程》

（八）其他

《绿色矿山建设评估指导手册》（中国自然资源经济研究院，2019.07）
T/CBMF 38/T/CAATB 001—2018《高性能混凝土用骨料》
T/CBMF 39/T/CAATB 002—2018《砂石骨料绿色生产与运输评价标准》
T/CBMF 40/T/CAATB 003—2018《机制砂石生产企业实验室基本条件》
T/CMAS 0001—2017《固体矿产绿色矿山建设指南（试行）》
AQ/T 2050.1—2016《金属非金属矿山安全标准化规范导则》
AQ/T 2050.5—2016《金属非金属矿山安全标准化规范 小型露天采石场实施指南》
JC/T 2299—2014《机制砂石生产技术规程》
GB/T 33000—2016《企业安全生产标准化基本规范》
AQ 2004—2005《地质勘探安全规程》
AQ 2005—2005《金属非金属矿山排土场安全生产规则》
AQ 2006—2005《尾矿库安全技术规程》

参考文献

[1] Alday J G，Marrs R H，Martinez-Ruiz C，2011. Vegetation successtion on reclaimed coal wastes in Spain：the influence of sil and environmental factors[J]. Applied Vegetation Science，14（1）：84-94.

[2] Desiree Rivera Berta M Jauregui，Begona Pcco，2012. The fate of herbaccous seeds during topsoil stockpiling：Rcstoration potential of seed bands[J]. Eclogical Enginccring，（44）：94-101.

[3] Harris J A，Birch P，Short K C，1993. The impact of storage of soils during opencast mining on the microbial community：a strategist theory interpretation [J]. Restoration Ecoloy，1（2）：88-100.

[4] Giedrius P，Vida M，2010. Towards sustainable rural development in Central and Eastern Europe：Applying land consolidation [J]. Land Use Policy，27（2）：545-549.

[5] Koch JM，Ward SC，Grant CD，et al，1996. Effects of bauxite mine restoration operations on topsoil seed rserves in the jarrah forest of Western Australia[J]. Restoration Ecology，4（4）：368-376.

[6] Ling Z，Wang J，Bai Z，et al，2015. Effects of vegetation on runoff and soil erosion on reclaimed land in an opencast coal-mine dump in a loess area[J]. International Joural of Sediment Research，（128）：44-53.

[7] Mc Cormack D E，Carlson C L，1986，Formulation of soil reconstruction ad productivity standards.In：Innovative approaches to mined land reclamation [M]. Carlson and Sarishered，Carbondale：Southern Illinois University Press，19-30.

[8] Melina G，Vanessa G，David D，2015. Reconciling waste rock rehabilitation goals and practice for a phosphate mine in a semi-arid environment[J]. Ecological Engineering，（85）：1-12.

[9] Mukhopadhyay S，Maiti S K，Masto R E，2013. Use of reclaimed mine soil index（RMSI）for screening of tree species for reclamation of coal mine degraded land[J]. Ecological Engineering，（57）：133.

[10] Nakamura K，Nakamura AH，2003. A case study on thd revegetation method using topsoil seed bank[J]. Journal of thd Japanese Society of Revegetation Technology，（29）：197-200.

[11] Rate A W，Lee K M，French P A，2004. Application of biosolids in mineral sands mine rehabilitation：

use of stockpiled topsoil decrease strace element uptake by plants[J]. Bioresource Technology，91（3）：223-231.

[12] Wang L Y，Han Y Z，Zhang C L，et al，2011. Reclaimed soil properties and weathered gangue change characteristics undervarious vegetation types on gangue pile[J]. Acta Ecologica Sinica，31（21）：6429-6441.

[13] 敖显明，2010. 建设占用耕地表土层的再利用[J]. 绿色科技，（7）：145-147.

[14] 陈洪祥，张树礼，马建军，2007. 煤矿复垦地不同恢复模式下土壤特性研究——以黑岱沟露天煤矿为例[J]. 内蒙古环境科学，19（4）：63-67.

[15] 杜自彬，郭庶，姬建钢，2016. 破碎机排矿口自动闭环调整和衬板磨损补偿研究[J]. 矿山机械，44（10）：46-50.

[16] 付梅臣，陈秋计，2004. 矿区生态复垦中表土剥离及其工艺[J]. 金属矿山，（8）：63-65.

[17] 胡幼奕，2017. 砂石骨料工业新体系构件之道[J]. 中国建材，（3）：58-63.

[18] 胡振琪，魏忠义，秦萍，2005. 矿山复垦土壤重构的概念与方法[J]. 土壤，37（1）：8-12.

[19] 黄铭洪，骆永明，2003. 矿区土地修复与生态恢复[J]. 土壤学报：161-169.

[20] 韩勇，孙余进，朱强，2018. 天瑞 2 000 t/h 机制砂石骨料生产线工艺设计[J]. 水泥工程，（3）：21-23.

[21] 蒋晓娇，苏芳莉，李海福，2015. 堆存时间对不同土地类型堆积表土产沙量影响[J]. 水土保持学报，29（6）：1-6.

[22] 李建华，2013. 丘陵水田整治中的表土剥离技术研究[J]. 湖北农业科学，（5）：1039-1043.

[23] 林圣玉，张龙，车腾腾，等，2015. 不同表土厚度对土壤养分及抗蚀性影响[J]. 江西农业大学学报，37（3）：556-563.

[24] 梁红，2009. 矿区植被修复研究进展[J]. 仲恺农业工程学院学报，22（4）：56-60.

[25] 刘志和，乔业，等，2007. 水电工程人工砂石料生产技术[A]. 湖南水电科普论坛论文集[C]. 575-592.

[26] 李燕，申向东，2010. 碎石、浮石混合骨料级配优化试验研究[J]. 内蒙古农业大学学报（自然科学版），31（1）：224-227.

[27] 罗曦，郑伯红，2016. 低碳城市规划体系中的能源规划思路[J]. 求索，（12）：133-137.

[28] 彭建良，苏志切，周而勤，等，2011. 骨料精加工系统的应用及其核心技术的分析[J]. 商品混凝土，（10）：44-48.

[29] 谭永忠，韩春丽，吴次芳，等，2013. 国外剥离表土种植利用模式及对中国的启示[J]. 农业工程学报，29（23）：194-201.

[30] 田香玉，2014. 矿料传送带重力势能液压回收发电系统研究[J]. 科技论坛，161.

[31] 王童，焦莹，訾宇翔，等，2016. 水利水电工程表土剥离相关问题探讨[J]. 水利水电工程设计，35

（3）：7-9.

[32] 吴平，2015. 关于贵州喀斯特地区表土剥离及防护的几点认识[J]. 中国水土保持，（5）：29-31.

[33] 王锐，2011. 建设占用耕地表土剥离的主要实施条件研究[J]. 河北农业科学，15（1）：90-91.

[34] 王镔，白中科，康新立，等，1997. 露天矿渣土场生态分类研究[J]. 煤矿环境保护，11（5）：7-9.

[35] 徐炳玉，王涛，窦森，2012. 关于表土剥离技术的初步研究[J]. 吉林农业，（1）：18.

[36] 姚绍武，2011. 石屑和展弃石粉深加工制备人工砂的研究与实践[J]. 砂石，（5）：56-59.

[37] 杨才敏，2014. 也谈生产建设项目区的表土剥离问题[J]. 中国水土保持，（9）：23-24.

[38] 原野，赵中秋，白中科，等，2017. 露天煤矿复垦生物多样性恢复技术体系与方法以平朔矿渣土场为例[J]. 中国矿业，26（8）：93-98.

[39] 中国水土保持学会水土保持规划设计专业委员会，2011. 生产建设项目水土保持设计指南[M]. 北京：中国水利水电出版社.

[40] 朱先云，2009. 国外表土剥离实践及其特征[J]. 中国国土资源经济，（9）：9-10.